Python大数据分析
——以旅游数据分析为例

王小宁　著

清华大学出版社

北京

内 容 简 介

本书通过大型旅游数据分析项目的开发案例，全面展示了使用 Python 进行旅游数据分析的过程和实践。全书共 9 章。第 1 章介绍了大数据的概念、发展及主要技术，第 2 章介绍了 Python 的基础知识，第 3 章介绍了网络公开数据的采集方法，第 4 章介绍了数据解析方法，第 5 章介绍了数据存取方法，第 6 章介绍了数据处理与分析方法，第 7 章介绍了数据可视化方法，第 8 章设计了两个旅游大数据综合案例，第 9 章总结了本书的相关研究。

本书以 Windows 和 PyCharm 为平台，完整地对数据分析过程进行系统论述，并介绍各个模块所需要的基本技术及应用。书中所有知识点均给出了实例代码，并全部通过了程序验证。

本书可作为智慧旅游专业及相关专业的教学用书，也可作为感兴趣读者的自学读物，还可供使用 Python 进行旅游大数据分析的旅游从业者参考。

图书在版编目（CIP）数据

Python 大数据分析：以旅游数据分析为例/王小宁著. —北京：清华大学出版社，2023.10（2025.1重印）
ISBN 978-7-302-64511-5

Ⅰ. ①P… Ⅱ. ①王… Ⅲ. ①软件工具－程序设计 ②旅游业－数据处理 Ⅳ. ①TP311.561 ②F59-39

中国国家版本馆 CIP 数据核字（2023）第 162997 号

策划编辑：魏江江
责任编辑：王冰飞
封面设计：刘　键
责任校对：徐俊伟
责任印制：杨　艳

出版发行：清华大学出版社
　　　网　　　址：https://www.tup.com.cn，https://www.wqxuetang.com
　　　地　　　址：北京清华大学学研大厦 A 座　　　邮　　编：100084
　　　社 总 机：010-83470000　　　邮　　购：010-62786544
　　　投稿与读者服务：010-62776969，c-service@tup.tsinghua.edu.cn
　　　质量反馈：010-62772015，zhiliang@tup.tsinghua.edu.cn
　　　课件下载：https://www.tup.com.cn，010-83470236
印 装 者：三河市人民印务有限公司
经　销：全国新华书店
开　本：185mm×260mm　　印　张：13.5　　　字　数：339 千字
版　次：2023 年 10 月第 1 版　　　　　　　　印　次：2025 年 1 月第 2 次印刷
印　数：1501～2300
定　价：49.80 元

产品编号：102103-01

党的二十大报告指出：教育、科技、人才是全面建设社会主义现代化国家的基础性、战略性支撑。必须坚持科技是第一生产力、人才是第一资源、创新是第一动力，深入实施科教兴国战略、人才强国战略、创新驱动发展战略，这三大战略共同服务于创新型国家的建设。高等教育与经济社会发展紧密相连，对促进就业创业、助力经济社会发展、增进人民福祉具有重要意义。

在当今大数据时代，数字经济的快速发展使得各行各业处于数字化转型的快速发展时期，数字信息更是以大量高速的状态不断增长。旅游产业作为一个对社会信息变化高度敏感的行业，对高质量数据分析的需求也逐渐增多。

2023 年，全国文化和旅游产业发展工作会议指出，当前我国人民群众对文化和旅游产品供给提出了更高的要求，要认真研判产业发展面临的新形势、新变化，准确把握产业发展重点工作方向，进一步发挥文化和旅游消费在稳增长、扩内需中的重要作用。

旅游大数据分析可以帮助旅游部门分析相关数据，在此基础上做好公共管理服务，提升旅游业管理决策能力；可以帮助旅游景区进行游客分析、数据挖掘，有效指导景区的运营发展；能帮助旅游企业查找不足，为游客定制个性化的旅游服务，提高旅游服务质量；能帮助旅游企业进行市场分析、客户需求分析，更新营销策略并做好旅游经营策略管理，提高旅游市场判断力，从而推动整个旅游产业的发展。由此可见，旅游大数据分析对旅游业的发展至关重要。

Python 是一门轻量级的数据分析语言，它灵活、轻便，可以与各行各业相结合，从而极大地提高人们的工作效率。将 Python 应用在旅游大数据分析中，即对旅游数据进行合法抓取并存储，结合实际需求对数据进行分析，再以可视化的角度进行呈现。Python 旅游大数据分析是一门新的交叉学科应用领域，迫切需要对此进行系统论述。

本书以 Windows 和 PyCharm 为平台，完整地对"网络数据采集—数据解析—数据存取—数据处理分析—数据可视化"的数据分析过程进行系统论述，并介绍各个板块所需要的基本技术；以旅游数据分析为案例进行实践开发，以两个大型旅游数据分析项目的开发为例，完整展示了 Python 旅游数据分析的过程和实践。

全书共 9 章。第 1 章介绍了大数据的概念、发展及主要技术，第 2 章介绍了 Python 的基础知识，第 3 章介绍了网络公开数据的采集方法，第 4 章介绍了数据解析方法，第 5 章介绍了数据存取方法,第 6 章介绍了数据处理与分析方法,第 7 章介绍了数据可视化方法,第 8 章设计了两个旅游大数据综合案例,第 9 章总结了本书的相关研究。

　　本书对携程网、12306、去哪儿网等进行数据采集,仅用于学习交流,不作为商业用途,不宜频繁采集,以免影响网站运行。书中所有实验均通过测试,但仍然可能会出现网站结构升级导致程序不能正常运行的情况,请读者知悉。

　　为便于学习和理解,本书提供软件安装包、程序源码等资源,可在目录上方的资源下载二维码中获取。

　　本书的出版基于以下项目的研究成果:重庆旅游职业学院 2022 年校级课题(xj2223)、重庆旅游职业学院 2023 年教学质量与教学改革工程建设项目(YJKG2023001)、重庆市教委 2023 年科学技术研究计划项目(KJQN202304604)。

　　由于作者水平有限,书中错漏在所难免,敬请读者批评指正。

作　者

2023 年 7 月

目 录

资源下载

第1章

大 数 据

要进行大数据分析,首先要了解大数据的概念及其特点。本章主要介绍大数据的概念、发展、特点、主要技术及应用领域。

1.1 什么是数据

数据(data)是事实或观察的结果,是对客观事物的逻辑归纳,是用于表示客观事物的未经加工的原始素材。人们的生活中处处充满了数据。例如,"0、1、2…""阴、雨、下降、气温""超市的活动信息、商品的销售情况"等都是数据。数据可以是连续的值,如声音、图像等,称为模拟数据;也可以是离散的,如符号、文字等,称为数字数据。因此,数据不仅可以是狭义上的数字,还可以是具有一定意义的文字、字母、数字符号的组合,图形、图像,视频、音频等。数据经过加工后就成为信息。

数据是信息的载体,是可以被计算机识别存储并加工处理的描述客观事物的信息符号的总称。数据有"型"和"值"之分,包含数据类型和取值范围的约束,具有多种表现形式,且有明确的语义。

1.2 数据的管理

数据的管理过程经历了人工管理阶段、文件管理阶段和数据库管理阶段。在数据库管理阶段,数据的管理涉及以下方面。

1. 数据库

数据库(Database,DB)是长期存储在计算机外存上的可共享的数据集合,可以分为关系数据库和非关系数据库两大类。

常见的关系数据库有 Access、MySQL、SQL Server、Oracle 等,关系数据库的主要特点是遵循 ACID(原子性(Atomicity)、一致性(Consistency)、隔离性(Isolation)、持久性(Durability))的规则,可以满足对事务性要求较高或需要进行复杂数据查询的数据操作,而且可以充分满足数据库操作的高性能和操作稳定性的要求。关系数据库十分强调数据的强一致性,对于事务的操作有很好的支持,一旦操作有误或有需要,可以马上回滚事务。这个特性使得关系数据库可以应用于对一致性要求较高的系统中,如银行系统。关系数据库的缺点主要是为了维护一致性而导致的读/写性能差,如在微博、Facebook 等对并发读写能力要求极高的应用中,它是无法处理的。另外,由于关系数据库的表结构是固定的,所以其扩展性不强,因此诞生了非关系数据库管理系统(NoSQL)。

NoSQL 数据库技术遵循 CAP 理论,即一个分布式系统不可能同时满足可用性、一致性与分区容错性这 3 个要求。NoSQL 数据库强调 BASE 原则(基本可用(Basically Available)、软状态(Soft-state)、最终一致性(Eventual Consistency)),它减少了对数据的强一致性支持,从而获得了基本一致性和柔性可靠性,并且利用以上的特性达到了高可靠性和高性能,最终达到了数据的最终一致性。NoSQL 数据库适合追求速度和可扩展性、业务多变的应用场景,如对文章或评论进行全文搜索、机器学习等。NoSQL 数据库通常用于模糊处理,其数据规模往往是海量的,数据规模的增长也是难以预期的,数据库的扩展能力几乎也是无限的,所以 NoSQL 数据库可以很好地满足这一类数据的存储。

目前 NoSQL 数据库主要有以下 4 种类型。

(1) 键值对存储:代表软件 Redis,能够对数据进行快速查询,但需要存储数据之间的关系。

(2) 列存储:代表软件 HBase,对数据能快速查询,数据存储的扩展性强,但数据库的功能有局限性。

(3) 文档数据库存储:代表软件 MongoDB,对数据结构要求不严格,但查询性能不好,同时缺少一种统一查询语言。

(4) 图形数据库存储:代表软件 Neo4j,可以方便地利用图结构相关算法进行计算,但是必须进行整个图的计算才能得到结果。在遇到不适合的数据模型时,图形数据库很难使用。

2. 数据库管理系统

数据库管理系统(Database Management System,DBMS)是指数据库系统中对数据库进行管理的软件系统,是数据库系统的核心组成部分,数据库中对数据的一切操作都是通过 DBMS 进行的。

DBMS 是位于用户(或应用程序)和操作系统之间的系统软件,在操作系统支持下对数据库进行管理,使多个用户可以共享同一数据库,并且保证用户得到的数据是完整的、可靠的。它与用户之间的接口称为用户接口,DBMS 提供给用户可使用的数据库语言。

3. 应用程序

应用程序是指利用各种开发工具开发的、满足特定应用环境的数据库应用程序,主要有 B/S 和 C/S 两种模式。根据应用程序的运行模式,应用程序开发工具可以分成两类:一类是用于开发客户机/服务器模式中的客户端程序,如 Visual Basic、Visual C++、PowerBuilder 等;另一类是用于开发浏览器/服务器模式中的服务端程序,如 ASP. NET 等。

4. 数据库系统相关人员

数据库系统相关人员是数据库系统的重要组成部分,有 3 类人员:数据库管理员、应用程序开发人员和最终用户。

（1）数据库管理员。

负责数据库的建立、使用和维护的专门人员。

（2）应用程序开发人员。

开发数据库应用程序的人员，可以使用数据库管理系统的所有功能。

（3）最终用户。

一般来说，最终用户是通过应用程序使用数据库的人员。用户无须自己编写应用程序。

5. 数据库系统

数据库系统（Database System，DBS）是由硬件系统、数据库管理系统、数据库、数据库应用程序、数据库系统相关人员等构成的人-机系统。数据库系统并不单指数据库或数据库管理系统，而是指带有数据库的整个计算机系统，如图 1-1 所示。

图 1-1　数据库系统

准确来讲，数据库、数据管理系统、数据库系统三者的含义是有区别的，但是在许多场合往往不作严格区分，可能出现混用的情况。例如，通常所说的数据库其实是指数据库管理系统，但是习惯上还是称数据库。

1.3　大数据的概念

对大数据的概念，可以从不同的角度进行梳理。

（1）从数据存储的角度：所谓大数据，用现有的一般技术难以管理的大量数据的集合（野村综合研究所）。

（2）从数据量的角度：大数据指的是大小超出常规的数据库工具的获取、存储、管理和分析能力的数据集，但并不是说只有超过特定 TB 值的数据集才算是大数据（麦肯锡全球研究所报告）。

（3）从数据特点的角度：大数据即海量的数据规模，数据处理的快速性，多样的数据类型，数据价值密度低（互联网中心 IDC）。

（4）从数据分析的角度：大数据是需要新处理模式才能具有更强的决策性、洞察发现力和流程优化能力的海量、高增长率和多样化的信息资产（全球性的信息技术研究和顾问公司）。

（5）从数据应用的角度：大数据指的是所涉及的资料量规模巨大到无法透过目前主流软件工具，在合理时间内达到撷取、管理、处理，并整理成为帮助企业经营决策更积极目的的资讯（维基百科）。

综上所述，从狭义上来讲，大数据指的是大量的、多样的、高增长的数据集；从广义上来讲，大数据不仅包含数据集，也包含对数据管理和分析的技术。因此，本书统一认为，大数据是指随着物联网等新一代信息技术发展而产生的海量、高增长率和多样化的数据集，经过新的数据管理和分析技术，将其整理为具有更强决策力、洞察力和流程优化等能力的信息资产。

1.4 大数据的发展

大数据的发展过程经历了3个阶段：萌芽时期、发展时期和兴盛时期。

1. 萌芽时期（1980—2008年）

1980年，未来学家阿尔文·托夫勒在《第三次浪潮》中将"大数据"称为"第三次浪潮的华彩乐章"。1997年，美国宇航局研究员迈克尔·考克斯和大卫·埃尔斯沃斯首次使用"大数据"这一术语来描述20世纪90年代的挑战：模拟飞机周围的气流——不能被处理和可视化。数据集之大，超出了主存储器、本地磁盘，甚至远程磁盘的承载能力，因而被称为"大数据问题"。

2007—2008年，随着社交网络的激增，技术博客和专业人士为"大数据"概念注入新的生机。2008年9月，《自然》杂志推出了名为"大数据"的封面专栏，同年"大数据"概念得到了美国政府的重视；计算社区联盟（Computing Community Consortium，CCC）发表了第一个关于大数据的白皮书《大数据计算：在商务、科学和社会领域创建革命性突破》，其中提出了当年大数据的核心作用：大数据真正重要的是寻找新用途和散发新见解，而非数据本身。

2. 发展时期（2009—2012年）

2009—2012年，"大数据"成为互联网技术行业中的热门词汇。

2009年，印度建立了用于身份识别管理的生物识别数据库，联合国全球脉冲项目研究了如何利用手机和社交网站的数据源来分析预测从螺旋价格到疾病暴发之类的问题，美国政府通过启动Data.gov网站的方式进一步开放了数据的大门，该网站的超过4.45万个数据集被用于保证一些网站和智能手机应用程序来跟踪信息，这一行动促使肯尼亚及英国相继推出类似举措。

2011年2月，扫描2亿兆字节的页面信息或4亿兆字节的磁盘存储，只需几秒即可完成。

2012年，"大数据"一词越来越多地被提及，人们用它来描述和定义信息爆炸时代产生的海量数据，并命名与之相关的技术发展与创新。数据迅速膨胀并变大，越来越多的人意识到数据的重要性。

2012年，美国奥巴马政府在白宫网站发布了《大数据研究和发展倡议》，这一倡议标志着大数据已经成为重要的时代特征；英国发布了《英国数据能力发展战略规划》；日本发布了《创建最尖端IT国家宣言》；韩国提出了"大数据中心战略"；其他一些国家也制定了相应的战略和规划。

3. 兴盛时期（2013年至今）

2013年，大数据技术开始向商业、科技、医疗、政府、教育、经济、交通、物流及社会的各个领域渗透，因此2013年也被称为大数据元年。

2014年5月，美国白宫发布了2014年全球"大数据"白皮书的研究报告《大数据：抓住机遇，守护价值》，报告鼓励使用数据推动社会进步。

2014年，"大数据"首次出现在我国《政府工作报告》中，报告中提到要设立新兴产业创业创新平台，在大数据等方面赶超先进，引领未来产业发展。"大数据"一词逐渐在国内成为热门词。2015 年 9 月,国务院印发《促进大数据发展行动规划纲要》,对大数据发展的方向和框架进行了顶层设计和战略部署。2016 年 12 月,工信部印发《大数据产业发展规划(2016—2020)》,对大数据重点行业、重点领域的发展要点进行了规划,提出了多项保障措施建议。2020 年 4 月,中共中央、国务院发布的《关于构建更加完善的要素市场化配置体制机制的意见》中,将"数据"与土地、劳动力、资本、技术并称为五种生产要素。至此,数据已成为经济社会发展的基础性、战略性资源。

2021 年 11 月,《"十四五"大数据产业发展规划》发布,提出了大数据发展的四大主要任务,促进大数据产业从规模增长向结构优化、质量提升转型。

大数据当今已经成为国家重要的战略发展工具,发展态势强大。

1.5 大数据的特点

1. 数据量大

数据量大(Volume)指的是数据量大且规模大。随着传感设备、移动设备、网络宽带的成倍增加,在线交易和社交网络每天生产成千上万兆字节的数据,全球数据量正以前所未有的速度增长,数据的存储容量从 TB 级扩大到 BB 数量级。例如,安防监控的视频数据、微信产生的通信数据等不断地生成。

2. 数据多样性

数据的大量增长使得数据出现了多种数据类型,对数据的存储也由传统的结构化数据转变为半结构化数据和非结构化数据。大数据的数据多样性(Variety)特点主要体现在数据结构的多样性和数据类型的多样性两个方面,这既加大了大数据处理的复杂度,也对数据处理的技术和方法提出了更高的要求。

3. 速度快

大数据速度快(Velocity)是指数据的增长速度快。对于如此庞大的数据,需要处理的速度要求尽可能得快,对数据的挖掘分析也应尽可能地迅速响应。否则,再有价值的数据,只要过了时效性,也失去存在的意义。

4. 数据价值高但价值密度低

大数据价值隐藏在海量数据之中,需要通过机器学习、统计模型及专门的算法深入复杂地进行数据分析,才能获得对未来趋势预测性、客观现实的洞察。但是,从另一个方面看,大数据往往表现为数据价值高但价值密度低(Value)。要从庞大的数据集中发现"有用的数据",通常要经过多次的数据清洁和加工,然后再利用有效的分析工具挖掘"有用的数据"。

1.6 大数据的主要技术

1. 大数据采集

大数据的采集主要有 4 种来源:管理信息系统、Web 信息系统、物理信息系统和科学实验系统。例如,物联网感知技术可以采集学生的学习行为、体质状态及生活数据等;视频监控技术可以采集师生的情感数据(如动作、情绪等)、课堂教学数据等;图像识别技术可以参与在线数据管理,采集移动学习过程数据及网络上各种来源的数据,如社交网络数据、电子商务交易数据、网上银行交易数据、搜索引擎点击数据、物联网传感器数据等。

2. 大数据预处理

大数据预处理是指将杂乱无章的数据转化为相对单一且便于处理的结构(数据抽取),或者去除没有价值甚至可能对分析造成干扰的数据(数据清洗),从而为后期的数据分析奠定基础。数据预处理的流程中包含以下4个概念。

(1)数据清理:用来清除数据中的噪声,纠正不一致。

(2)数据集成:将数据由多个数据源合并成一个一致的数据存储,如数据仓库。

(3)数据归约:通过如聚集、删除冗余特征或聚类等操作来降低数据的规模。

(4)数据变换:将数据压缩到较小的区间,如[0,1],可以提高涉及距离度量的挖掘算法的准确率和效率。

3. 大数据存储与管理

按数据类型的不同,大数据的存储和管理可采用不同的技术路线,大致可以分为以下3类。

(1)大规模的结构化数据:通常采用新型数据库集群,实现对PB量级数据的存储和管理。

(2)半结构化和非结构化数据:通过对Hadoop生态体系的技术或NoSQL技术扩展和封装,实现对半结构化和非结构化数据的存储和管理。

(3)结构化和非结构化混合的大数据:通常采用MPP并行数据库集群与Hadoop集群的混合,实现对EB量级数据的存储和管理。

常用的大数据存储技术:HDFS、HBase、Hive、S3、MongoDB、Neo4J、Redis等。

4. 大数据分析与挖掘

大数据分析与挖掘是指通过各种算法从大量的数据中找出潜在的有用信息,并研究数据的内在规律和相互间的关系。大数据计算模式就是根据大数据的不同数据特征和计算特征,从多样性的大数据计算问题和需求中提炼并建立的各种高层抽象或模型。

常用的大数据分析与挖掘技术:MapReduce、Spark等。

5. 数据可视化

数据可视化是指将各种数据以图形化的方式进行展示。可视化技术需要使用计算机图形学和图像处理技术,将数据转换为图形或图像形式显示到屏幕上,并进行交互处理。数据可视化是技术和艺术的结合。

大数据进行可视化分析后,将枯燥的表格显示为丰富多彩的图形模式,能让用户直接查看数据之间的关系或变化趋势。例如,VR、AR、MR、全息投影等新的数据可视化技术,已经被广泛应用到房地产、游戏、教育等各行各业。

常用的可视化工具:Excel、D3、Chart API、R语言、Weka、iCharts、Python的Matplotlib库等。

1.7 大数据的应用

随着大数据时代的到来,数据的高速增长已经超出了人们对数据存储能力和对数据库处理速度的想象,人们对数据的需求也与日俱增。如今,大数据在各行各业的应用无处不在,包括电商、金融、通信、物流、医疗、教育、农业、工业制造、城市管理领域等。

这里介绍几个大数据在其他领域中的应用实例。

1. 政务大数据

政务大数据已经全面应用在经济调节、市场监管、社会管理、公共服务、生态环保等方面,为国家管理决策提供了有效的数据支持。2022 年,《全国一体化政务大数据体系建设指南》指出,覆盖国家、省、市、县等层级的政务数据目录体系初步形成,各地区各部门依托全国一体化政务服务平台汇聚编制政务数据目录超过 300 万条,信息项超过 2000 万个。各地区积极探索政务数据管理模式,建设政务数据平台,统一归集、统一治理辖区内政务数据,以数据共享支撑政府高效履职和数字化转型。

特别是在 2020 年以来的疫情防控中,各类防疫数据跨地区、跨部门、跨层级互通共享,31 个省(自治区、直辖市)共享调用健康码、核酸检测、疫苗接种、隔离管控等涉疫情数据超过 3000 亿次,为有效实施精准防控,助力人员有序流动,坚决筑牢疫情防控屏障,高效统筹疫情防控和经济社会发展提供了有力支撑。

2. 教育大数据

我国的在线教育已经进入了成熟稳定期,目前我国已经开发了多个成熟的在线学习平台,如爱课程、中国 MOOC、在线精品课程平台、超星泛雅课堂等,教师和学生都可以通过在线教育平台获取到更多优质资源。在疫情特殊时期,在线教育平台也发挥了重要的作用。同时,伴随着教育评价改革,我国各级各类学校展开了线上线下相结合的混合式教学模式改革,推动了教育质量的提高,促进了教育公平。

另外,智慧教育不断发展,可以获得学生全面的教育画像,更完整地对学生行为进行分析,提高人才培养质量。

3. 医疗大数据

在大数据时代,医生对于疾病的诊断,可以借助数据库中以往类似的病例进行分析。此时,医生和病人的关系不再是一对一的关系,而是多对一的关系,这大大提高了医生对疾病的诊断效率和准确率。

4. 商业大数据

大数据在电商领域的应用已经进入了成熟阶段。例如,淘宝、京东等电商平台利用大数据技术对用户搜索信息进行分析,为用户推送定制商品,以此刺激消费。

在实体商业中,也可以通过对商品的销售情况进行大数据分析,进而指导商业决策。例如,通过对消费者在沃尔玛购物的行为进行大数据分析,可以得出结论:男性顾客一般在购买婴儿纸尿裤的同时会顺便购买啤酒犒劳自己。利用这个分析结果,商家调整了销售策略,将啤酒和纸尿裤的货架放在一起进行销售,并对销售后的数据进行分析,发现啤酒和纸尿裤的销量全部都大幅增加。

5. 其他大数据

大数据应用在娱乐领域,成功预测了奥斯卡奖。2013 年,微软纽约研究院的经济学家大卫·罗斯柴尔德(David Rothschild)利用大数据成功预测了 24 个奥斯卡奖项中的 19 个,成为人们津津乐道的话题。2017 年,大卫·罗斯柴尔德再接再厉,成功预测了第 86 届奥斯卡金像奖颁奖典礼 24 个奖项中的 21 个,继续向人们展示了现代科技的神奇魔力。在美国总统选举预测中,大数据也充分利用民调,对多位候选人的竞选率进行了预测。

除此之外,大数据已经应用在越来越多的领域,对人们的生活产生了诸多便利,但与此同时,人们的隐私问题也应受到重视,个人隐私如何更好地保护正面临着挑战。例如,在超市和网上会留下购物信息,在手机里存储个人秘密会留下痕迹,在医院里留有就诊记录。智慧城市系统有很多传感器记录,用户的指纹、脸部识别照片经常被其他机构获取。这些信息如果被泄露,可能会为黑色产业链提供财富。

保护个人隐私,法律保障是基础。2021年颁布的《数据安全法》强调对数据进行分类分级管理,做好数据安全治理。随着《个人信息保护法》的相继颁布,国家对数据安全合规建设的要求进一步提高,部分企业已经开始着手开发数据合规管理工具,以协助需求方应对监管。

第2章

Python语言基础

在使用 Python 进行大数据分析之前,首先需要了解 Python 程序设计语言,掌握其语法结构,学会使用 Python 编写基础程序。本章主要介绍 Python 的基础知识和 PyCharm 环境的使用。

2.1 程序设计语言

程序设计是设计好算法来解决问题的过程,算法的形式可以是自然语言、伪代码、流程图,也可以是程序设计语言。程序设计语言是在计算机上编写程序的语言,与人类语言类似,它也有语法和语义。编写程序类似于人们的演讲稿,需要有逻辑结构,但要求有更高更强的逻辑关系。

2.1.1 程序设计语言的发展

程序设计语言经历了机器语言、汇编语言和高级程序设计语言 3 个阶段。

1. 机器语言

机器语言是第一代计算机语言,流行于第一代计算机时代。机器语言是一种低级语言,用二进制代码来编写程序,因此能被计算机直接识别并执行。由于不同计算机的指令系统不同,用机器语言编写出来的程序必须依赖于计算机而运行,导致它的可移植性差,但是执行效率高。

2. 汇编语言

汇编语言是在机器语言的基础上,用十进制数据来表示指令和数据,并且用英文助记符来代替常用的命令,这相当于是机器语言的直接翻译。因此,二者都是面向机器的程序设计语言,都属于低级语言。不同的是,汇编语言编写的程序在执行时需要使用汇编程序翻译为机器语言,才能被计算机执行。

3. 高级程序设计语言

高级程序设计语言是一种接近于人类自然语言的程序设计语言,用高级程序设计语言编写的程序可读性强、可移植性好、通用性强。高级程序设计语言主要有面向过程和面向对象两种:面向过程的语言有 BASIC、Pascal、FORTRAN、C 语言等;面向对象的语言有 C++、

C♯、Java、Python等。用高级程序设计语言编写出来的程序要被计算机执行,必须通过编译或解释,只有翻译为机器语言,才能被计算机执行。编译是将源程序翻译为目标文件后,再执行该目标程序。解释方式是用解释程序(又称为解释器)将源程序逐条进行翻译,翻译一句、执行一句。

2.1.2　常用的程序设计语言

1. C 语言

C语言是一种面向过程的结构化程序设计语言,它的优点是代码简洁灵活、运算符丰富、数据类型丰富,允许直接访问物理地址,对硬件进行操作,且生成目标代码质量高,程序执行效率高、可移植性好;缺点是数据的封装性问题,使得C语言在保证数据的安全性上有一定的缺陷,这也是C和C++的主要区别。

2. C++

C++是对C语言的继承,它既可以进行C语言的结构化程序设计,又可以进行以继承和多态为特点的面向对象的程序设计。它的特点是支持数据封装和数据隐藏、支持继承和重用、支持多态性。C++的优点是代码可读性好、可重用性好、可移植、高效安全,且语言简洁,编写风格自由,提供了标准库,有面向对象机制;缺点是没有Java语言中的垃圾回收机制,可能引起内存遗漏,且内容相对较难,学起来相对困难。

3. C♯

C♯是在C和C++基础上衍生出来的面向对象的编程语言,是由微软公司发布的面向对象的高级程序设计语言。它安全、稳定、简单,在继承C和C++强大功能的同时去掉了一些复杂特性。C♯的优点是与Web的紧密结合、完整的安全性与错误处理、类库多、利于快速开发,缺点是不适用于编写时间急迫或性能非常高的代码。

4. Java

Java是一门面向对象编程语言,不仅吸收了C++语言的各种优点,还摒弃了C++里难以理解的多继承、指针等概念,因此Java语言具有功能强大和简单易用两个特征。Java语言作为静态面向对象编程语言的代表,极好地实现了面向对象理论,允许程序员以优雅的思维方式进行复杂的编程。Java的优点是一次编写、到处运行,具有多平台支持、强大的可伸缩性,且支持多样化和功能强大的开发工具。Java的缺点是语言较为复杂,内存利用性价比不高。

5. Python

Python是一种面向对象的解释型语言,目前越来越多地被用于Web开发、科学计算、游戏程序设计、图形用户界面等领域。Python的优点是简洁易上手,免费、开源,第三方库资源丰富;缺点是执行速度慢、代码不能加密。在IEEE Spectrum的2021年编程语言排名榜中,Python、Java、C语言位居前三,其中Python排名第一。

2.2　Python 开发环境配置

Python的中文翻译为大蟒蛇,源于英国电视喜剧 *Monty Python's Flying Circus*,它的创始人是荷兰人吉多·范·罗苏姆(Guido van Rossum)。

Python 程序设计语言诞生于 20 世纪 90 年代初,第一个公开发行版发行于 1991 年。从 Python 2 到 Python 3 经历了多个版本,也产生了跨越式发展,截至成书时的最新版本是 3.11.2,接下来以此版本介绍 Python 环境的安装。Python 目前主流的开发环境有 3 个,Python、PyCharm 和 Anaconda,本书主要介绍 Windows 环境下前两种开发平台的使用。

2.2.1 Python 的安装

1. 下载

登录 Python 官网 https://www.python.org/,单击 Downloads 按钮,再单击"Downloads Python 3.11.2"按钮,如图 2-1 所示。

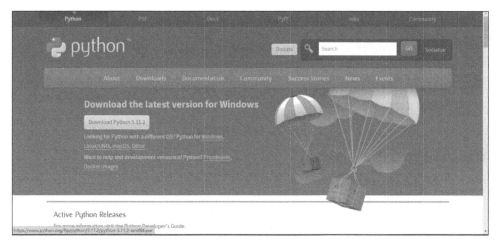

图 2-1　Python 下载地址

2. 安装

双击安装文件"python-3.11.2-amd64",启动安装引导进程。引导界面如图 2-2 所示。

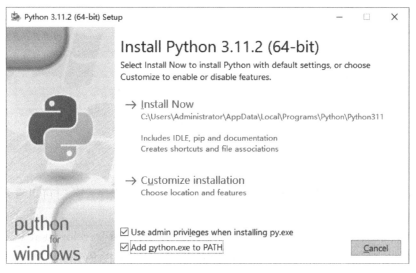

图 2-2　引导页面

在引导界面中,Install Now 是默认安装方式,Customize installation 是定制安装方式,注意要勾选 Add python.exe to PATH 选项。

在 Customize installation 的安装选项中,需要勾选所有选项,如图 2-3 所示。

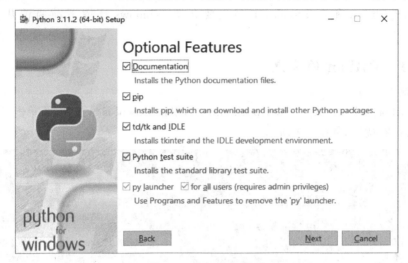

图 2-3　特征选择页面

更改安装路径,如图 2-4 所示。

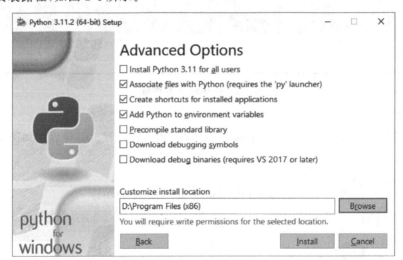

图 2-4　高级选项页面

安装完成,如图 2-5 所示。

3. 运行

安装完成后,在"开始"菜单输入"py",以此启动 Python 程序。此时可以看到命令行的界面,如图 2-6 所示。

另外,Python 程序中还自带一种集成开发环境(Integrated Development Environment, IDLE),它提供交互式和文件式两种程序运行方式。交互式是指 Python 解释器可以即时响应用户输入的每条代码,并给出运行结果;文件式是指将 Python 程序写到文件中。IDLE 运行界面如图 2-7 所示。

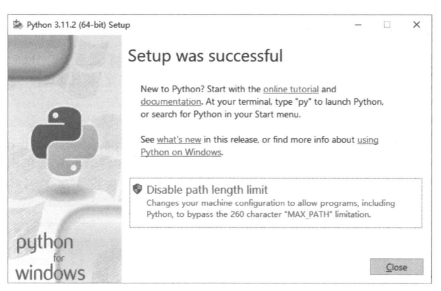

图 2-5 安装成功页面

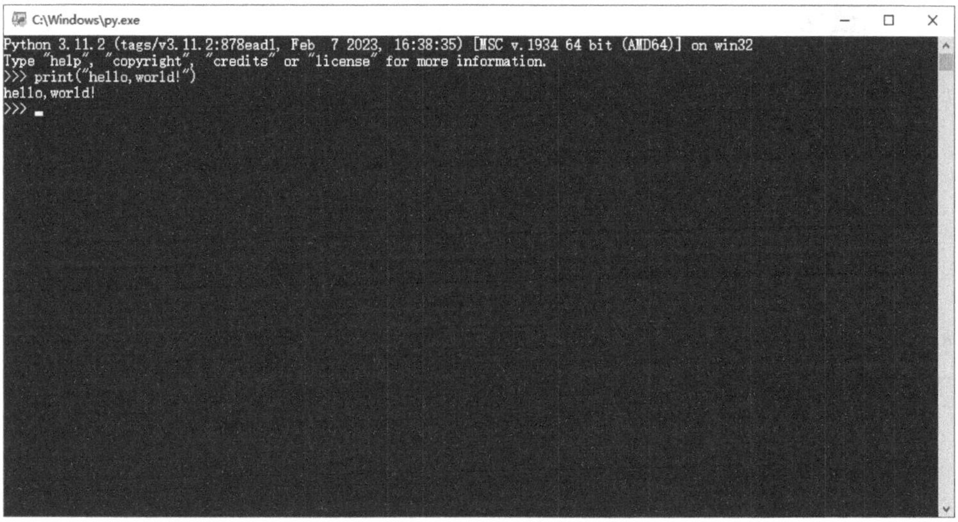

图 2-6 Python 命令行界面

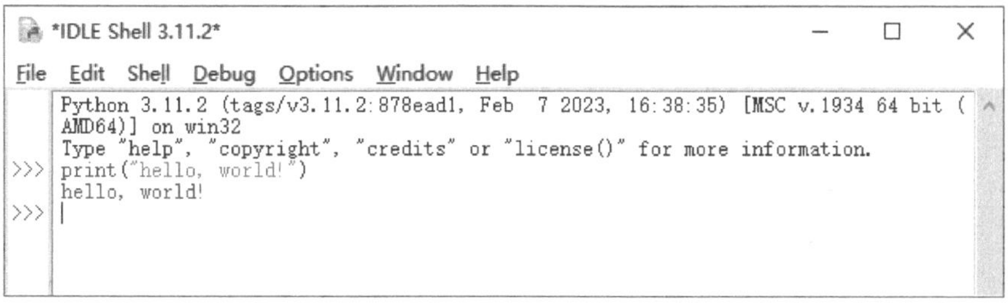

图 2-7 IDLE 运行界面

选择 File→Save As 选项，可以将文件保存并命名为 hello.py。

2.2.2　PyCharm 的安装

PyCharm 是由 JetBrains 开发的一种 Python 集成开发环境,适用于 Python 专业开发人员。它提供了一套完备高效的开发工具,如代码分析、语法高亮、项目管理等,还提供了一些高级功能,用于支持 Django 框架下的专业 Web 开发等应用。

1. 下载

PyCharm 下载页面如图 2-8 所示。登录 https://www.jetbrains.com/zh-cn/pycharm/,可以看到 Professional(专业版)的功能更为丰富和完备,它适用于科学和 Web Python 开发,支持 HTML、JS 和 SQL,但需要付费。Community Edition(社区版)开源免费,但仅适用于纯 Python 开发。

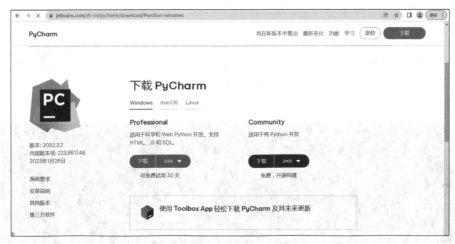

图 2-8　PyCharm 下载页面

2. 安装及运行

下载好安装包后,直接安装即可,但要注意勾选所有选项(见图 2-9),为其配置好环境。

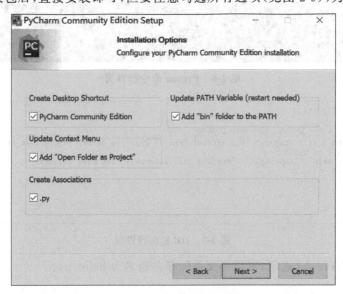

图 2-9　PyCharm 的安装过程

PyCharm 的工作界面如图 2-10 所示。

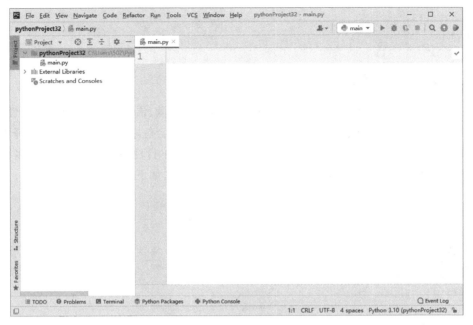

图 2-10 PyCharm 的工作界面

2.3 基本语法

2.3.1 编写风格

1. 缩进

Python 用缩进来标识代码块,它有着严格的缩进规则。缩进是指代码行前面的空白区域,表示代码之间的层次关系,同一层次的代码块必须有相同的缩进。在编写代码时,一般用 Tab 键实现缩进。例如,在以下代码中,if 和 else 对齐,其中包含的语句用 Tab 键缩进实现对齐。

```python
a = int(input("请输入一个数字:"))
if a > 0:
    print("a 是正数")
else:
    print("a 不是正数")
```

2. 多行语句

Python 通常是一行写完一条语句,但如果语句很长,可以使用反斜杠"\"来实现换行。例如:

```python
s = 1 + \
    2 + \
    3
    print(s)
```

等同于:

```
s = 1 + 2 + 3
print(s)
```

2.3.2 注释方式

注释是程序员在代码中加入的说明性文字,用来对变量、语句、方法等进行功能性说明,以提高代码的可读性。在程序运行时,编译器或者解释器会忽略注释文字,因此注释不影响程序的运行结果。在 Python 中,注释方式有两种写法:单行注释语句用#开始,多行注释语句使用连续 3 个双引号或者单引号对表示。注释的写法如下。

```
#这是单行注释
print("Hello,python!")          #这是从行中间开始的注释
'''
这是多行注释的第一行
这是多行注释的第二行
这是多行注释的第三行
'''
```

2.3.3 数据类型

1. 常量

常量是不变的数据,在程序执行过程中需要大量的数据来参与运算。数据的类型有整型、浮点型、字符串型、逻辑型、列表型、元组、字典等类型。为了便于理解,这里只介绍简单数据类型,元组、列表、字典等在函数之后进行介绍。

(1) 整型常量:如 1、100、−1 等。

(2) 浮点型常量:如 95.5、−88.8 等。

(3) 字符串型常量:如"python""administrator""I like English."等。

(4) 逻辑型常量:True、False。

2. 常量与变量

在程序设计中,有时会需要变化的数据来提高程序的灵活性,因此出现了变量。变量是用户自定义的有名字的存储单元,其命名规则如下。

(1) 变量名必须是数字、字母、下画线的组合。

(2) 变量名必须以英文字母开始,不能以数字开头。

(3) 变量名区分大小写,如变量 A 与变量 a 不同。

(4) 变量名不宜太长,一般最好有一定的含义。

除此之外,变量名在命名时不能使用程序预设的保留关键字,如'and'、'as'、'break'、'class'、'continue'、'def'、'del'、'elif'、'else'等。

Python 中的变量在使用时是不需要定义数据类型的,同一个变量可以存储任何数据。在需要使用其他数据类型时可以进行转换,如 $a = \mathrm{int}(95.56)$ 是指将 95.56 取整后赋值给 a,要将整数 a 转为字符串,需要使用 $\mathrm{str}(a)$。用户的录入数据默认为字符串类型,要进行数学计算,需要将录入的 s 转为浮点数,即进行 $\mathrm{float}(s)$ 计算。

2.3.4 表达式

在编写程序语句时,需要使用表达式来描述程序的语义。表达式的编写离不开运算,对数据的运算包含算术运算、逻辑运算和关系运算。常用运算符号如表 2-1 所示。

表 2-1 常用运算符号

算 术 运 算		逻 辑 运 算		关 系 运 算	
运算符	描　　述	运算符	描　　述	运算符	描　　述
$+$	两个对象相加	and	与	$>$	大于
$-$	两个对象相减	or	或	$>=$	大于或等于
$*$	两个对象相乘	not	非	$<$	小于
$/$	x 除以 y			$<=$	小于或等于
$\%$	除法的余数			$==$	等于
$**$	x 的 y 次幂			$!=$	不等于
$//$	取整除,商的整数部分				

在表达式中,表示一个整数 n 为奇数,可以写为 $n\%2!=0$;表示字母 c 是小写,可以写为 $c>='a'$ and $c<='z'$。

2.4 程序结构

程序的结构一般有顺序结构、选择结构和循环结构 3 种。根据条件的位置,循环结构又可分为当型和直到型两种,如图 2-11 所示。

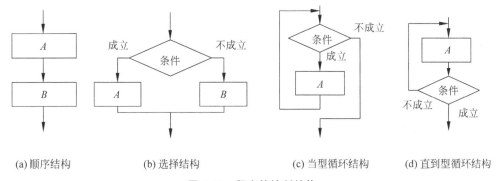

(a) 顺序结构　　　　(b) 选择结构　　　　(c) 当型循环结构　　(d) 直到型循环结构

图 2-11 程序的控制结构

2.4.1 选择结构

选择结构通常使用 if 语句进行描述。如果仅有一个条件判断,则为简单选择结构;如果有多个条件判断,则为复杂选择结构。

1. 简单选择结构

简单选择结构的基本语法如下。

```
if 条件:
    语句 1
else:
    语句 2
```

例如,输入一个整数,如果大于 0,则输出"是正数";否则,输出"不是正数"。该示例的
具体代码如下。

```
x = float(input("请输入一个数:"))
if x > 0:
    print("是正数")
else:
    print("不是正数")
```

2. 复杂选择结构

复杂选择结构的基本语法如下。

```
if 条件1:
    语句 1
elif 条件2:
    语句 2
…
else:
    语句 n
```

例如,输入一个学生的整数成绩 s(分),当 $s \geqslant 90$ 时,输出"成绩优秀!";当 $80 \leqslant s < 90$
时,输出"成绩良好!";当 $70 \leqslant s < 80$ 时,输出"成绩中等!";当 $60 \leqslant s < 70$ 时,输出"成绩合
格!";否则,输出"成绩不合格!"。该示例的具体代码如下。

```
s = eval(input("请输入一个成绩:"))
if  s > = 90:
    print("成绩优秀!")
elif s > = 80:
    print("成绩良好!")
elif s > = 70:
    print("成绩中等!")
elif s > = 60
    print("成绩合格!")
else:
    print("成绩不合格!")
```

2.4.2 循环结构

1. for 和 while 语句

在程序中经常会使用循环结构,常用的有 for 和 while 两种语句。例如,要计算 $1 \sim 100$
的和,用 for 语句编写如下。

```
s = 0
for i in range(1,101,1):      #表示变量 i 从 1 开始,到 100 结束,step 为 1
    s = s + i
print(s)
```

用 while 语句编写如下。

```
s = 0
i = 1
while i < 101:
    s = s + i
    i = i + 1
print(s)
```

通过对 for 和 while 的结构进行分析可知,for 语句适用于明确变量范围的情景,程序更为简洁;当变量范围不确定时,while 语句更为合适。在一些复杂循环情况下,for 和 while 可以进行嵌套,也可以与 if 语句组合使用。

2. break 语句

在循环的过程中,如果需要中断循环,则需要使用 break 语句。break 语句可以极大地节省程序的时间复杂度,且便于获取中断时的变量值。例如,输入一个正整数,判断它是否为一个素数,具体代码如下。

```
n = int(input("n = "))
for i in range(2,n):
    if n % i == 0:
        break
if i == n - 1:
    print("% d是素数" % n)
else:
    print("% d不是素数" % n)
```

在上述代码中,当 n 不是素数时,它会整除某一个 i 的值,执行 break 跳出循环;如果 n 是素数,则 i 会一直加 1,直到 i 变为 n-1 才结束循环。因此,用 if 语句判断 i 最后的值,可以得出 n 是否为素数的结论。

2.4.3 异常处理

程序设计要考虑各种可能出现的错误,如开平方的程序在运行时,如果用户输入负数,则程序会报错。为了避免出现非程序原因导致的错误,需要对程序进行异常处理。异常处理语句的格式如下。

```
try:
    语句块 1
except Exception as err:
    语句块 2
```

例如,输入一个数并开平方。

```
import math # 导入数学库
n = float(input("请输入数字:"))
try:
    print(math.sqrt(n))
except Exception as err:
    print("异常提示:",err)
```

对异常处理还可以采用一种省略写法,在捕捉到异常时,直接 print("错误提示")。另外,还可以使用 raise Exception(异常信息)抛出异常。

2.5　函数与模块

2.5.1　函数

函数是程序设计中的一个重要功能,Python 中已经预置了一些常用函数,如输入 import math 导入数学模块后,便可以使用平方根函数 sqrt。但对于用户的开发来说,有时需要自定义函数,以便于程序的多次调用,从而减少代码量。函数的定义语法如下。

```
def 函数名称( 参数 1, 参数 2, …):
        函数体
```

其中,函数名称是用户自己定义的名称,与变量的命名规则一致。

函数可以有很多参数,每个参数都有对应的名称。在定义参数时,要注意区分局部变量和全局变量,在函数内的变量只限于在函数内有效,而使用全局变量需要在变量前加 global。函数的参数也可以预先赋值为默认参数。函数体是函数的执行内容,它们在函数内以缩进的形式编写。

函数可以没有返回值,也可以有返回值,需要返回值时要使用 return 语句。例如,判断两个数的大小,用函数编写的代码如下。

```
def max(a,b):            #a,b,c 都是局部变量
    c = a
    if b > a:
        c = b
    return c            #有返回值
m = max(2,4)            #调用 max 函数
print(m)
```

2.5.2　模块

模块(module)本质上是一个 Python 文件,在模块中可以定义多个函数,便于在主文件中进行调用,其设计充分体现了结构化程序设计"自顶向下、逐步求精"的思想。与模块有关的概念还有包(package),可以将多个模块的 py 文件放在一个文件夹中,这个文件夹便称为包。

1. 导入模块

Python 的模块一般在安装目录的 Lib 文件夹中。查看计算机中所有模块的位置,可以用以下代码实现。

```
import sys
p = sys.path
for i in p:
    print(i)
```

要使用模块的功能,需要掌握导入模块的方法,一般有以下两种方法。

（1）import 模块名。

用该方法导入模块，在对模块中的函数进行调用时，需要以"模块名功能名"的方式进行引用。

（2）from 模块名 import 功能名。

使用这种方式导入模块，可以直接使用功能名，而不用再加模块名。

2. 创建模块

设计一个程序 wxn.py，包含两个函数 wmax 和 wmin，将该程序文件保存到 Python 安装目录的 Lib 目录中，wxn.py 中的代码如下。

```
def wmax (a,b):
    if a < b:
        return b
def wmin (a,b):
    if a < b:
        return a
```

然后，设计另一个程序 demo.py，调用 wxn 模块中的 wmax 输出两个数中的较大数。

```
import wxn
print(wxn.wmax(5,10))
```

2.6 序列数据

2.6.1 字符串

字符串可以包含中英文等任何字符，字符在计算机中使用 Unicode 编码，用 2 字节存储，在磁盘中存储则采用 GBK 或 UTF-8 等其他编码形式。

1. 字符串长度

用 len(s)可以计算字符串 s 的长度。例如，print(len("Python 旅游大数据"))，得到长度为 11。

2. 读出字符串各个字符

字符串默认从 0 开始编号，要得到其中第 i 个字符，可以像数组访问数组元素那样用 $s[i]$ 得到。其中，$s[0]$ 是第 1 个字符，$s[1]$ 是第 2 个字符，…，$s[len(s)-1]$ 是最后一个字符。

3. 字符在内存中的编码

用 ord("字符或汉字")函数可以计算出字符的编码，如西文字符可以得出其对应的 ASCII，中文字符得出其 GBK 编码。例如，print(ord('A'))，输出 65；print(ord('中'))，输出 20013。

4. 编码转为字符

用 chr(n)函数可计算出编码所对应的字符。例如，print(chr(20013))，输出"中"。

5. 字符串切片

用 string[start:end:step]可以切片提取字符串中的字符。例如，a="administrator"，执行 print(a[0:5])，输出"admin"，注意字符串第 1 个字符的位置是从 0 开始编号；执行

print($a[0:5:2]$),输出"amn"。

6. 字符串转大小写函数

upper()可将小写改为大写,lower()可将大写改为小写。

7. 字符串查找函数

(1) 格式:$s.$find(t)。作用:返回在字符串 s 中查找子串 t 时第一个出现的位置下标,若不存在则返回-1。

(2) 格式:$s.$rfind(t)。作用:返回在字符串 s 中查找子串 t 时最后一个出现的位置下标,若不存在则返回-1。

(3) 格式:$s.$index(t)。作用:返回在字符串 s 中查找子串 t 时第一个出现的位置下标,若不存在则发生错误。

8. 字符串判断函数

(1) 格式:$s.$startswith(t)。作用:判断字符串 s 是否以子串 t 开始,返回逻辑值。

(2) 格式:$s.$endswith(t)。作用:判断字符串 s 是否以子串 t 结束,返回逻辑值。

9. 字符串删除空格函数

(1) 格式:$s.$lstrip()。作用:返回一个字符串,删除字符串 s 中左边的空格。

(2) 格式:$s.$rstrip()。作用:返回一个字符串,删除字符串 s 中右边的空格。

(3) 格式:$s.$strip()。作用:返回一个字符串,删除字符串 s 中左边与右边的空格。

10. 字符串分离函数

格式:$s.$split(sep)。作用:用 sep 分割字符串 s,分割出的部分组成列表返回。

在该函数中,sep 是分隔符,结果是字符串按 sep 字符串分割成多个字符串,这些字符串组成一个列表,即函数 split 调用后返回一个列表。

2.6.2 列表

列表是最常用的 Python 数据类型,它可以作为一个方括号内的逗号分隔值出现。列表的数据项不需要具有相同的类型。在创建一个列表时,只要把逗号分隔的不同的数据项用方括号括起来即可。

1. 创建列表

```
list = ['a','b','c','d']
print(list)
```

2. 访问列表中的值

列表默认从 0 开始编号,print(list[0])可以获得列表内的第 1 个元素。

3. 修改列表

重新赋值即可修改列表,或者使用 append()方法添加列表项。

4. 删除列表元素

例如,del list[2]表示删除列表的第 3 个元素。

5. 列表操作的联合

例如,list3=list1+list2 表示将两个列表合并为一个列表。

6. 列表的截取

$L[start:end:step]$ 的基本含义是从 start 开始(包括 $L[start]$),以 step 为步长,获取

end 的一段元素(注意不包括 $L[end]$),其参数的理解与字符串类似。

7. 判断一个元素是否在列表中

例如,'a' in list 表示 a 在列表中。

8. 在列表尾添加元素

例如,a.append(2023)表示在列表 a 中添加 2023 为最后一个元素。

9. 将对象插入列表

例如,a.insert(3,2023)表示在列表 a 中的第 4 个位置插入 2023。

10. 将一个列表追加到另一个列表末尾

例如,a.extend(b)表示将列表 b 追加到列表 a 中。

11. 查找某个元素的索引位置

例如,a.index(2023)表示查找元素 2023 第一次出现在列表 a 中的索引号。

12. 统计某个元素在列表中出现的次数

例如,a.count(2023)表示统计元素 2023 在列表中出现的次数。

13. 移除列表中某个值的匹配项

使用 list.remove(obj)函数可以实现移除操作。

14. 弹出元素

如果要弹出某个指定索引 index 的元素,则需要使用 list.pop(index)。其中,index 的默认值是 -1,代表最后一个元素。

15. 反向列表元素

list.reverse()可以将列表中的元素逆序存储。

16. 对原列表进行排序

要对列表的元素进行排序,可以使用 list.sort(),但是要求这些元素必须是同类型的。

2.6.3 元组

元组也是 Python 中常用的一种数据类型,它是 tuple 类的类型,与列表 list 相似,其区别在于:元组数据使用圆括号()来表示,且元组数据的元素不能改变,只能读取。简单来说,元组就是只读的列表,除了不能改变外,其他特性与列表完全相同。

例如,定义一个包含地区的元组,代码如下。

```
s = ("重庆","四川","贵州")
```

由于元组的功能与列表类似,这里不再赘述。

2.6.4 字典

字典是另一种可变容器模型,且可存储任意类型对象。

字典的格式是 $d = \{key1: value1, key2: value2\}$,由多个键值对元素构成。由于键的作用是索引,因此键是唯一的、不可重复的,一般用数字、字符串或元组进行表示。

1. 定义字典

例如,定义一个地区的字典,dict $= \{'01': '重庆', '02': '四川', '03': '贵州'\}$。

2. 访问字典里的值

例如,print(dict["01"])表示访问字典中键是 01 的值。

3. 修改字典

要修改字典的值,可以用赋值的方式,但如果键本身不存在,则会增加一堆元素。

例如,在上述示例中,若执行 dict['01'] = "西安",则字典中的"重庆"将会被修改为"西安";若执行 dict['04'] = "北京",则字典会新增一组"04":"北京"的元素。

4. 删除字典元素

例如,del dict['key'] 表示删除键是'key'的元素,del dict 表示删除词典。

5. 清空字典的所有元素

dict.clear()可以删除字典中的所有元素。

6. 字典的长度函数

len(dict)可以计算字典中的元素数量。

7. 获取字典的所有键值函数

dict.keys()可以以列表形式返回一个字典中的所有键值。

2.7   面向对象

2.7.1   面向对象的概念

面向对象的程序设计(Object Oriented Programming,OOP)将对象作为程序的基本单元,将程序和数据封装其中,以提高软件的通用性、灵活性和扩展性。对象可以是现实世界中独立存在的、可以区分的实体,也可以是一些概念上的实体。对象有自己的数据(属性),也有作用于数据的操作(方法)。通常将对象的属性和方法封装成一个整体,供程序设计者使用。对象之间的相互作用通过消息传递来实现。

Python 既支持面向过程的程序设计,也支持面向对象的程序设计。

2.7.2   Python 面向对象编程

接下来通过以下代码来具体解释 Python 种类、对象和方法等概念。

```python
class Person:
    def __init__(self,n,g,a):
        self.xm = n
        self.xb = g
        self.nl = a
    def show(self,end = '\n'):
        print(self.xm,self.xb,self.nl,end = end)
class Student(Person):
    def __init__(self,n,g,a,d,c):
        Person.__init__(self,n,g,a)
        self.zy = d
        self.bj = c
    def show(self):
        Person.show(self,'')
```

```
        print(self.zy,self.bj)
s = Student("张三","女",20,"旅游管理","1班")
s.show()
```

在以上代码中,首先定义了 Person 类,在类中定义了 3 个属性:xm(姓名)、xb(性别)、nl(年龄);定义了 1 个方法 show(),功能是输出这 3 个属性,其中,_init_是构造函数,用于对属性进行初始化。然后定义了 Student 类,继承了 Person 类的所有属性和方法,即 Person 父类派生出来的子类;在此基础上,Student 类增加了两个属性:zy(专业)、bj(班级)。最后,s 为一个 Student 类的实例对象,它具有 Student 类的所有属性和方法,通过 s.show()实现输出所有属性的结果。

该案例介绍了面向对象中的类、对象、属性、方法等概念,以及父类派生子类、子类继承父类的方法,并通过 Python 程序展示了面向对象编程的特点和方法。

2.8　文件操作

在 Python 数据分析中,经常涉及对文件的操作,包括打开、读取、关闭和修改等。

2.8.1　打开、读取文件

文件对象 = open(文件名,使用文件方式)表示打开文件,其中,"文件对象"是一个 Python 对象,open 函数是打开文件的函数,"文件名"是被打开文件的文件名字符串。例如,以下代码表示打开 C 盘的 demo.txt 文件,并将其输出,其中,rt 表示只读,s.read()表示读取文件中的信息。

```
s = open("c:\demo.txt","rt")
print(s.read())
```

2.8.2　关闭文件

文件对象.close()表示关闭文件,其中,"文件对象"是用 open 函数打开后返回的对象。例如,在上述示例中,s.close()表示关闭 demo.txt 文件。表 2-2 展示了文件使用方式及其含义。

表 2-2　文件使用方式及其含义

文件使用方式	含　义
rt	以只读方式打开一个文本文件,只允许读数据。若文件存在,则打开后可以顺序读取;若文件不存在,则打开失败
wt	以只写方式打开或建立一个文本文件,只允许写数据。若文件不存在,则建立一个空文件;若文件已经存在,则将原文件内容清空
at	以追加方式打开一个文本文件,并在文件末尾写数据。若文件不存在,则建立一个空文件;若文件已经存在,则将原文件打开并保持原内容不变,文件位置指针指向末尾,新写入的数据追加在文件末尾

2.8.3　写文件

要将字符写入指定文件中,首先要以 wt 方式打开被写入的文件,然后执行语句:文件对象.write(s)。需要注意的是,在使用 write 写入时,用 wt 的方式会清空原文件内容,并且写完后,文件内部指针会自动移至文件末尾。如果希望保留原文件内容,则应以 at 方式打开文件。

2.8.4　读文件的 N 个字符

文件对象.read(n)表示读取文件的 n 个字符。

2.8.5　读文件的一行或多行字符

在 2.8.1 节的示例中,使用 print(s.readline())可以读取文件的第一行内容并输出,改为 s.readlines()则可以读取文件的所有行内容。

2.8.6　不同编码

当文件中的所有内容均为西文字符时,读取文件不会报错,但如果文件中有中文字符时,用 2.8.1 节的方式读取文件会出现错误提示,这就需要了解文件的编码。常用的文件编码有 GBK 和 UTF-8 两种。

(1) GBK 编码是指我国的中文字符,包含了简体中文、繁体中文字符,以及仅能存储简体中文字符的 GB2312。在 GBK 的编码中,1 个英文字符占 1 字节(ASCII),1 个汉字占 2 字节。

(2) UTF-8 编码是一种全球通用的一种编码,其中 1 个英文字符占 1 字节(ASCII),1 个汉字通常占 3 字节。

文件如果是用 GBK 编码存储的,就只能使用 GBK 编码打开读取。

由于在 Windows 10 下的 TXT 文件默认是 UTF-8 编码,因此需要在读取文件的 open 语句中增加 encoding = "utf-8",才能正常读取中文汉字,代码如下。

```
s = open("c:\demo.txt","rt",encoding = "utf - 8")
print(s.read())
```

2.8.7　用指针改变读写位置

文件是由一连串的字节组成的字节流,文件的每个字节都有一个位置编号,即指针。使用指针操作类似于移动鼠标的光标,可以用文件对象.tell()获取当前文件指针的位置,用文件对象.seek(offset,[whence])移动文件指针。在移动文件指针语句中,offset 表示要从哪个位置开始偏移;whence 是可选参数,默认为 0 表示从文件开头开始算起,1 表示从当前位置开始算起,2 表示从文件末尾算起。

文件使用方式及指针位置如表 2-3 所示。

表 2-3　文件使用方式及指针位置

文件使用方式	指针位置
rt+	以读写方式打开一个文本文件,允许读/写数据。若文件存在,则打开后文件指针在开始位置;若文件不存在,则打开失败
wt+	以读写方式打开一个文本文件,允许读/写数据。若文件不存在,则创建该文件;若文件存在,则打开后清空文件内容,文件指针指向 0 的开始位置
at+	以读写方式打开一个文本文件,允许读/写数据。若文件不存在,则创建该文件;若文件存在,则打开后不清空文件内容,文件指针指向文件的末尾位置

## 第3章

数据采集

数据采集的渠道包括设备来源、系统导出、网络采集等,通过使用第三方库 Requests 库、Selenium 库,可以对网页数据进行抓取,但采集数据时要注意采集渠道的合法性。本章主要介绍网络公开数据的采集方法。

3.1 爬虫概述

3.1.1 爬虫的基本概念

网络爬虫又称网页蜘蛛、网络机器人,是一种按照一定的规则自动请求互联网网站并提取网络数据的程序或脚本。它可以代替人们自动化浏览网络中的信息,进行数据的采集与整理。它也是一种程序,基本原理是向网站/网络发起请求,获取资源后分析并提取有用数据。

百度、谷歌等人们常用的搜索引擎就属于爬虫的应用,其主要目的是将互联网上的网页下载到本地,从而形成一个互联网内容的镜像备份。百度搜索引擎的爬虫叫作百度蜘蛛(Baiduspider),360 的爬虫叫作 360Spider,搜狗的爬虫叫作 Sogouspider,必应的爬虫叫作 Bingbot。

3.1.2 爬虫的合法性

1. 法律规范

我国目前并未出台专门针对网络爬虫技术的法律规范,但在司法实践中,相关判决已屡见不鲜。例如,一些人为了获取经济利益,将爬虫作为一种犯罪工具,严重扰乱了计算机信息系统的运行秩序,或者侵害了公民的个人信息,构成了犯罪并触犯刑法。经梳理,在司法实践中,使用爬虫技术的犯罪主要有侵犯公民个人信息罪、非法获取计算机信息系统数据罪、破坏计算机信息系统罪、非法侵入计算机信息系统罪、侵犯著作权罪等。

然而,爬虫本身并没有错,人们应该合法使用爬虫技术来获取数据。判断爬虫合法性边界可以参考以下因素:

(1) 数据是否属于开放数据:数据是否公开不是合法性判断的标准,公开数据不等同于开放数据。如果数据权利方在 Robots 协议或网页中告知了可以爬取的范围及其他应遵守的义务,则爬取方没有遵守义务时应当承担相应民事责任。

(2)取得数据的手段是否合法:爬虫采用的技术是否突破数据访问控制,法律上是否突破网站或 App 的 Robots 协议。如果突破网站或 App 的 Robots 协议及设置的爬虫检测、加固 Web 站点等限制爬虫的访问权限,则可能会违法,要承担相应的责任。

(3)使用目的是否合法:如果爬虫的目的是实质性替代被爬虫经营者提供的部分产品内容或服务,则会被认为目的不合法。如果爬虫导致经营者增加运营成本,或者破坏系统正常运行,则都属于违法行为。

2. Robots 协议

为了更好地获得推广,同时又能保护网站权益,大部分网站会定义一个 robots.txt 文件作为君子协议。通过 Robots 协议告诉人们哪些页面可以抓取,哪些页面不能抓取。该协议是国际互联网界通行的道德规范,其建立基于以下原则:

(1)搜索技术应服务于人类,同时尊重信息提供者的意愿,并维护其隐私权。

(2)网站有义务保护其使用者的个人信息和隐私不被侵犯。

例如,访问 https://www.qunar.com/robots.txt 去哪儿网的 Robots 协议地址,得到以下结果。

```
# www.qunar.com robots.txt
User - Agent: *
Disallow: /booksystem/
Disallow: /atlas/
Disallow: /twell/flight/
Disallow: /twell2/flight/
Disallow: /suggest/
Disallow: /site/adframe/
Disallow: /site/config/
Disallow: /site/oneway_list.htm
Disallow: /site/roundtrip_list.htm
Disallow: /twell/redirect.jsp
Disallow: /twell/hotel/
Disallow: /twell/scripts/
Disallow: /user/
Disallow: /unsub.htm
Disallow: /*ex_track=*
Disallow: /*bd_source=*
Disallow: /*kwid=*
Disallow: /*cooperate=*
Disallow: /*bdsource=*
```

其中,User-agent 用于描述搜索引擎 robot 的名字。

在 robots.txt 中,至少要有一条 User-agent 记录。如果有多条 User-agent 记录,则说明有多个 robot 会受到该协议的限制。若该项的值设为"*",则该协议对任何搜索引擎都有效,且这样的记录只能有一条。

Allow 用于描述希望被访问的一组 URL,这个 URL 可以是一条完整的路径,也可以是部分路径。

Disallow 用于描述不希望被访问的一组 URL。任何一条 Disallow 记录为空,都说明该网站的所有部分允许被访问。在 robots.txt 文件中,至少要有一条 Disallow 记录。

访问腾讯网的 Robots 协议地址 https://www.qq.com/robots.txt,得到以下结果。

```
User-agent: *
Disallow:
Sitemap: http://www.qq.com/sitemap_index.xml
```

这里出现了 Sitemap,打开此链接,截取部分结果如图 3-1 所示。

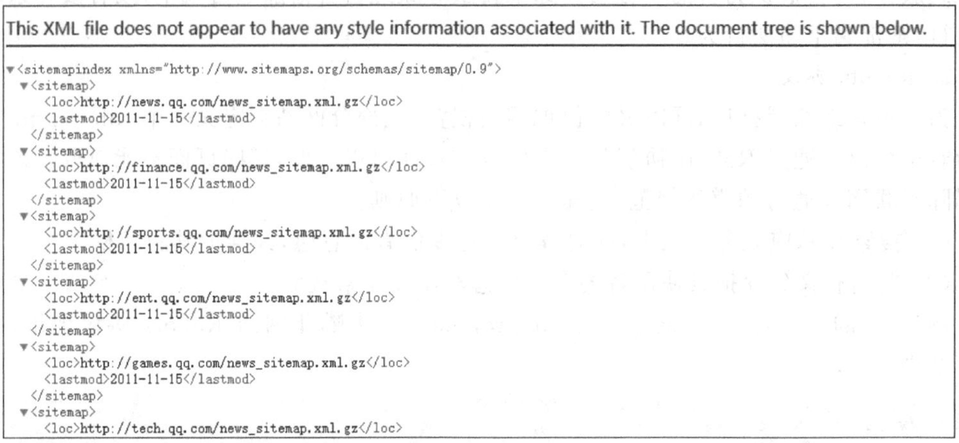

```
This XML file does not appear to have any style information associated with it. The document tree is shown below.

▼<sitemapindex xmlns="http://www.sitemaps.org/schemas/sitemap/0.9">
  ▼<sitemap>
      <loc>http://news.qq.com/news_sitemap.xml.gz</loc>
      <lastmod>2011-11-15</lastmod>
    </sitemap>
  ▼<sitemap>
      <loc>http://finance.qq.com/news_sitemap.xml.gz</loc>
      <lastmod>2011-11-15</lastmod>
    </sitemap>
  ▼<sitemap>
      <loc>http://sports.qq.com/news_sitemap.xml.gz</loc>
      <lastmod>2011-11-15</lastmod>
    </sitemap>
  ▼<sitemap>
      <loc>http://ent.qq.com/news_sitemap.xml.gz</loc>
      <lastmod>2011-11-15</lastmod>
    </sitemap>
  ▼<sitemap>
      <loc>http://games.qq.com/news_sitemap.xml.gz</loc>
      <lastmod>2011-11-15</lastmod>
    </sitemap>
  ▼<sitemap>
      <loc>http://tech.qq.com/news_sitemap.xml.gz</loc>
```

图 3-1　Sitemap 网站地图

在 Sitemap.xml 文件(网站地图)中,列出了网站中的网址和每个网址的其他元数据,如上次更新的时间、更新的频率及相对于网站上其他网址的重要程度等,以便于爬虫可以更加智能地爬取网站。但是,该文件经常会出现缺失或过期的问题,如腾讯 Sitemap 最后更新时间为 2011 年。

3.2　网页与爬虫

爬虫是从网页上爬取数据,因此,了解一些 Web 前端的相关知识是必要的。

3.2.1　URL

爬虫最主要的处理对象就是 URL,它根据 URL 地址取得所需要的文件内容,然后对其进行进一步的处理。因此,准确地理解 URL 对理解网络爬虫至关重要。统一资源定位系统(Uniform Resource Locator,URL)是因特网的万维网服务程序上用于指定信息位置的表示方法,它包含了文件的位置及浏览器处理方式等信息。

URL 的结构为"协议://主机地址(IP 地址或域名):端口号/路径? 参数名＝参数值",如图 3-2 所示。

在 URL 中,协议通常指超文本传输协议。如果协议头是 ftp,表示提供的是文件传输服务。在域名后,有时还会加上端口号,HTTP 默认端口为 80,HTTPS 默认端口为 443。对于大部分 Web 资源,通常使用 HTTP 或其安全版本 HTTPS。

3.2.2　认识网页结构

要从网页中爬取用户需要的数据,除了需要了解 URL 外,还需要认识网页的结构。网

图 3-2　URL 结构

页一般由 3 部分组成，分别是 HTML（超文本置标语言）、CSS（层叠样式表）和 JavaScript（活动脚本语言）。

例如，打开去哪儿网（https://www.qunar.com/），按 F12 键可以看到一个网页结构，如图 3-3 所示。在图 3-3 中，上半部分为 HTML 文件，下半部分为 CSS 样式。CSS 是在 HTML 中设置字体、表格、图像等元素样式的语言，它不仅可以静态地修饰网页，还可以配合各种脚本语言动态地对网页各元素进行格式化（一般用来定义外观）。用< script >标签的是 JavaScript 代码。JavaScript 是微软开发的专门用于 Web 页面脚本中的语言，它描述了网站中各种交互的内容、功能和特效。

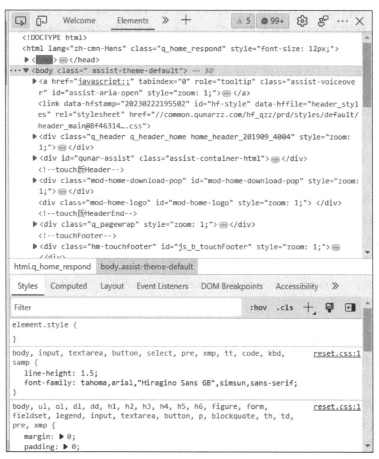

图 3-3　网页结构

HTML 中的常见标记如下。

(1) html 文档标记：< html >…</html >，html 的所有内容需要放置在此标记内。

(2) head 标记：< head >…</head >，head 中的所有内容不直接显示在浏览器中。

(3) 文档标题：< title >…</title >，head 中的标签显示在浏览器的标题栏中。

(4) body 标记：< body >…</body >，body 中的所有内容显示在浏览器中。

(5) 标题标记：< h1 >…</h1 >(h1～h6)，其中 h1 级文字最大，h6 级文字最小。

(6) 段落标记：< p >…</p >。

(7) 超链接：< a href="目标 URL">链接文本</a >，用于设置网页中的超链接，href 属性指明被超链接的文件地址。用于表示超链接的文本一般显示为蓝色并加下画线。在浏览器中，当鼠标指针指向该文本时，箭头变为手形，并在浏览器的状态栏中显示该链接的地址。

(8) 图像标记：< img src="图像 URL"/>，用于将图片插入网页中，设置图片的大小及相邻文字的排列方式。

(9) 表格标记：< table >< tr >< td >…</td ></tr ></table >(table 中可包含多个 tr，td)，tr 表示行，td 表示列。

(10) 换行标记：< br/>，此标记可以强制文本换行，为单标记。

(11) 水平线标记：< hr/>，用于在网页中插入一条水平线。

(12) 字体标记：< font size="1～7" color="♯RRGGBB(或 24 种保留色之一)">…</font >。

(13) 字形标记：字形标记用于设置文字的粗体、斜体、下画线、上标、下标等。< b >…</b >表示粗体，< i >…</i >表示斜体，< u >…</u >表示下画线，< sup >…</sup >表示上标，< sub >…</sub >表示下标。

(14) 表单标记：< form >…</form >，在 HTML 中与用户进行交互的重要标记。

(15) 输入框标记：< input type=" " />，其中，type 可以为 text、password、button、submit、reset、radio、checkbox 和 hidden，分别表示文本框、密码框、按钮、提交按钮、重置按钮、单选框、复选框和隐藏文本域。

(16) 选择标记：< select >< option id=" ">…</option ></select >(其中 option 标签可以出现多次)。

(17) 文本区域：< textarea >…</textarea >。

(18) 框架：< frameset >…</frameset >，< frame >…</frame >，< iframe >…</iframe >。

3.2.3 爬虫实现过程

1. HTTP 网页请求过程

HTTP 采用了请求/响应模型。网页请求的具体过程分为以下 4 个步骤。

(1) 浏览器向 DNS 服务器发起 IP 地址请求。

DNS 是域名解析系统，可以将用户输入的域名转换为服务器的 IP 地址。

(2) 浏览器从 DNS 处获得 IP 地址。

(3) 浏览器向服务器发送 Request(请求)。

每一个用户打开的网页都必须在最开始由用户向服务器发送访问的请求。请求信息由请求行、请求头部、空行和请求数据 4 部分组成。在请求行中,包含了请求方法、URL 地址和协议版本。

HTTP 1.0 定义了 3 种请求方法:GET、POST 和 HEAD。HTTP 1.1 新增了 5 种请求方法:OPTIONS、PUT、DELETE、TRACE 和 CONNECT。

在上述请求方法中,GET 用于请求指定的页面信息并返回实体主体,响应速度快,是最常见的方法。POST 比 GET 多了表单形式上传参数的功能,除查询信息外,还可以修改信息。GET 提交的数据会放在 URL 之后(即请求行中),以"?"分割 URL 和传输数据,参数之间以"&"相连;POST 方法将提交的数据放在 HTTP 包的请求体中。GET 提交的数据大小有限制(因为浏览器对 URL 的长度有限制),而 POST 方法提交的数据没有限制。

(4) 服务器 Response(响应)。

服务器在接收到用户的请求后,会验证请求的有效性,然后向用户发送相应的内容。客户端接收到服务器的相应内容后,再将此内容展示出来,以供用户浏览。HTTP 响应报文由状态行、响应报头、空行和响应正文组成。响应行表示协议/协议版本号、响应状态码和状态描述,响应头表示服务器的属性,响应体表示服务器向客户端响应返回的结果(JPG/HTML/JSON/TXT 等)。查看去哪儿网首页输入框的请求响应过程如图 3-4 所示。

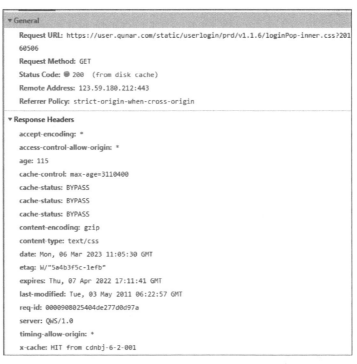

图 3-4 网页请求响应

响应状态码一般由 3 位数字组成,标志着服务器对客户端请求的处理结果。常见的状态码有 200、303、404 等。在本例中,200 表示请求成功,303 表示可通过另一个 URI 找到该请求的响应,404 表示服务器找不到请求的网页,503 表示服务器目前无法使用(由于超载或停机维护)。

2. 爬虫过程

网络爬虫主要的操作对象是 HTTP 请求(Request)和 HTTP 响应(Response)。用户使用爬虫获取网页数据一般要经过以下 4 步：发送请求、获取响应内容、解析内容和保存数据，如图 3-5 所示。

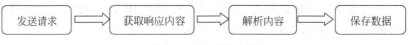

图 3-5   爬虫使用步骤

3.3   Requests 库

Python 凭借其丰富的爬虫框架和强大的多线程处理能力，在爬取网络数据中应用广泛。为了能够访问网络资源，Python 自带了 urllib 模块，但由于 urllib 库的代码编写较为烦琐，目前已经基本被 Requests 库替代。Requests 库采用 Python 语言编写，采用 Apache2 Licensed 开源协议，是基于 urllib 的第三方库。它使用起来更加人性化、更为方便，可以节约大量的工作。

3.3.1   Requests 库的安装

1. 命令行方式

打开 Windows 的命令行或 PyCharm 的 Terminal 终端，输入如下命令：

```
pip install requests
```

2. 菜单方式

启动 PyCharm，单击 File 菜单，选择 Settings 选项，进入 Python Interpreter 的设置界面，如图 3-6 所示。

图 3-6   Settings 界面

单击"＋"号后,打开的界面如图 3-7 所示。在输入框中输入 requests,单击 Install Package 按钮,即可自动下载安装 Requests 库。使用 pip 命令行安装第三方库时,有时会由于诸多原因出现安装失败,对于初学者来说使用菜单操作较为方便。

图 3-7　第三方库的搜索安装界面

3.3.2　Requests 库的功能介绍

1. 常用类

Requests 库提供了以下 3 个常用的类。

(1) requests.Request:表示请求对象,一旦请求发送完毕,该请求包含的内容就会被释放掉。

(2) requests.Response:表示响应对象,其中包含服务器对 HTTP 请求的响应。

(3) requests.Session:表示请求对话,提供 Cookie 持久性、连接池和配置。

2. 请求函数

Requests 库提供了很多发送 HTTP 请求的函数,如表 3-1 所示。函数的功能是构建一个 Requests 类型的对象,该对象将被发送到某个服务器上,以请求或查询一些资源;在得到服务器返回的响应时,产生一个 Response 对象,该对象包含了服务器返回的所有信息,也包括原来创建的 Requests 对象。

表 3-1　Requests 库的请求函数

函　　数	功 能 说 明
requests. request()	构造一个请求,支撑以下各方面的基础方法
requests. get()	获取 HTML 网页的主要方法,对应于 HTTP 的 GET 请求方式
requests. head()	获取 HTML 网页头信息的方法,对应于 HTTP 的 HEAD 请求方式
requests. post()	向 HTML 网页提交 POST 请求的方法,对应于 HTTP 的 POST 请求方式
requests. put()	向 HTML 网页提交 PUT 请求的方法,对应于 HTTP 的 PUT 请求方式
requests. patch()	向 HTML 网页提交局部修改请求,对应于 HTTP 的 PATCH 请求方式
requests. delete()	向 HTML 网页提交删除请求,对应于 HTTP 的 DELETE 请求方式

3. 响应属性

Response 库获取的服务器响应属性如表 3-2 所示。

表 3-2　服务器响应属性

属　　性	说　　明
status_code	HTTP 请求地返回状态,200 表示连接成功,404 表示失败
text	HTTP 响应内容的字符串形式,即 URL 对应的页面内容
encoding	从 HTTP 请求头中猜测的响应内容编码方式
apparent_encoding	从内容中分析出的响应编码的方式(备选编码方式)
content	HTTP 响应内容的二进制形式

3.3.3　用 Requests 爬取旅游网站数据

1. 去哪儿网首页信息爬取

打开去哪儿网站,复制首页链接,编写代码如下。

```
import requests
r = requests.get("https://www.qunar.com/", timeout = 1)
print(r.text)
```

上述代码语句含义如下。

(1) 第 1 行:表示导入 Requests 库。

(2) 第 2 行:访问去哪儿网首页,将获取的数据保存到变量 r 中,并设置响应时间为 1s。如果服务器在 1s 内没有应答,将会引发一个异常。

(3) 第 3 行:输出网页源代码。

运行程序如图 3-8 所示。

2. 12306 旅行车次爬取

访问 12306 网站,查找"北京—上海"的火车,编写代码如下。

```
import requests
res = requests.get(https://kyfw.12306.cn/otn/leftTicket/init?linktypeid = dc&fs = % E4 % B8 %
8A % E6 % B5 % B7,SHH&ts = % E5 % 8C % 97 % E4 % BA % AC,BJP&date = 2023 - 03 - 10&flag = N,N,Y')
print(res.text)
```

上述代码语句含义如下。

(1) 第 1 行:导入 Requests 库。

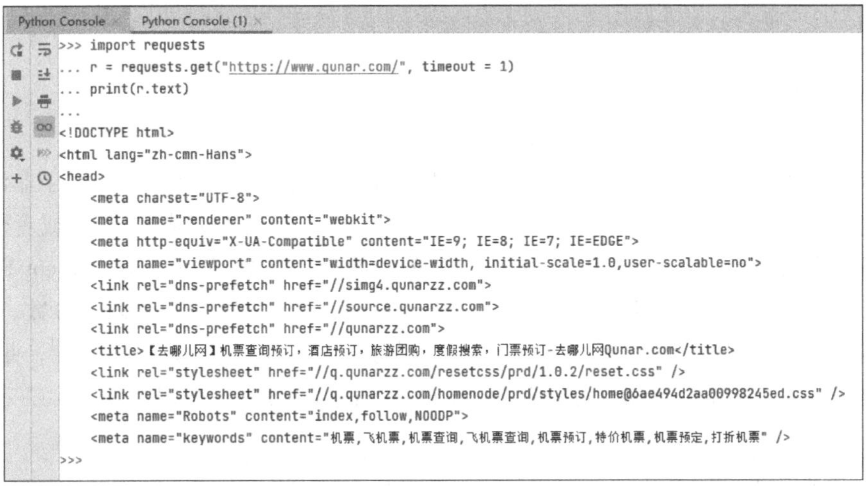

图 3-8 去哪儿网首页爬取结果

（2）第 2 行：请求 URL 路径并发送 GET 请求，返回一个响应对象。

（3）第 3 行：查看响应的内容。

运行结果如图 3-9 所示。

图 3-9 12306 车次爬取结果

根据上述代码可以查看到当前网页中所有的 HTML 信息，这为下一步的数据解析做好了准备。

3. 大众点评商品评价爬取

找到大众点评网页中的一个页面，复制网页链接，编写代码如下。

```
import requests
url = r'https://www.dianping.com/chongqing/ch10/g111'
res = requests.get(url)
print(res.text)
```

得到的结果如下。

```
< html >
< head >< title > 403 Forbidden </title ></head>
< body >
```

```
<center><h1>403 Forbidden</h1></center>
<hr><center>openresty</center>
</body>
</html>
```

可以看到服务器出现 403 禁止访问，这是因为有些网站会设置反爬机制，对于非浏览器的访问拒绝响应。这时，需要在爬虫程序中修改请求的 headers 伪装浏览器访问，或者使用代理发起请求。网页的 headers 中声明了 HTML 事务中的操作参数，如 Accept、Accept-Encoding、Connection、Host、Cookies 和 User-Agent 等。在定义 headers 时，要使用到以上参数。因此，需要在代码中增加 headers 信息，可以通过开发者工具的 network 找到 headers 信息。此外，由于网站需要登录后才能查看数据，因此需要 Cookies 的信息，修改后的代码如下。

```
import requests
url = r'https://www.dianping.com/chongqing/ch10/g111'
headers = {
    "User - Agent": "Mozilla/5.0 (Windows NT 10.0; Win64; x64) AppleWebKit/537.36 (KHTML, like Gecko) Chrome/109.0.0.0 Safari/537.36",
    "Connection":"keep - alive",
    "Host":"www.dianping.com",
    "Referer": "https://www.dianping.com/",          "cookies":"fspop = test;
    _lxsdk_cuid = 186c5dcbd0ec8 - 03b48a23989918 - 26021051 - 1fa400 - 186c5dcbd0fc8;
    _lxsdk = 186c5dcbd0ec8 - 03b48a23989918 - 26021051 - 1fa400 - 186c5dcbd0fc8;
    _hc.v = d2da9947 - d324 - e4c9 - e38d - 286a7e33bb2c.1678356823; s_ViewType = 10;
    WEBDFPID = y82408vuzz06523zy118632yv7341z2y813x4wxv89w97958014216z3 - 1993716832696 - 1678356831651EUQGICMfd79fef3d01d5e9aadc18ccd4d0c95073316;
    dplet = 48528c5b10fbe8754d2a861ef68815b7; ua = QI_370172907;
    ctu = d227a367436b71dc3f00c90d3f45843240157ef264ad13013ad755480fa18cb0; cy = 9;
    cye = chongqing; _lx_utm = utm_source = Baidu&utm_medium = organic;
    Hm_lvt_602b80cf8079ae6591966cc70a3940e7 = 1678356824,1678426556;
    dper = 8fe93b0b326b400e0838da9fce9d4ef76da64a9636f7267b99990c421af52f8d46167ef274721f603c719b40e476bc93fe538945afd4d76104158848188cd2f5;
    qruuid = 24d2b88b - 8613 - 4312 - 9f6c - 25bf33b77443; ll = 7fd06e815b796be3df069dec7836c3df; Hm_lpvt_602b80cf8079ae6591966cc70a3940e7 = 1678426676;
    _lxsdk_s = 186ca04c48f - 950 - e97 - f1d||48"
}
res = requests.get(url,headers = headers)
res.encoding = res.apparent_encoding
print(res.text)
```

运行结果如图 3-10 所示，可以看到当前网页中的 HTML 源码已经被获取到。

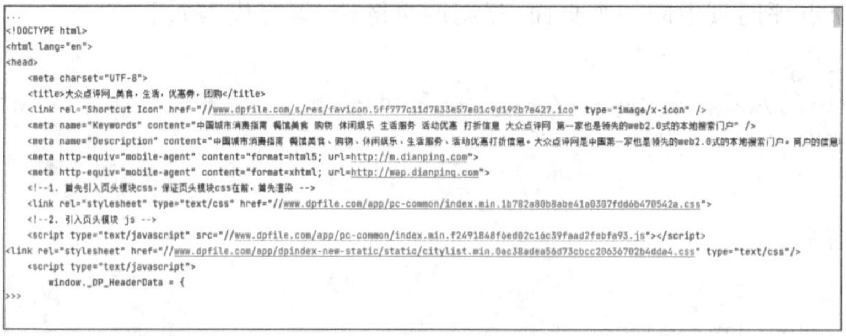

```
...
<!DOCTYPE html>
<html lang="en">
<head>
    <meta charset="UTF-8">
    <title>大众点评网_美食，生活，优惠券，团购</title>
    <link rel="Shortcut Icon" href="//www.dpfile.com/s/res/favicon.5ff777c11d7833e57e81c9d192b7e427.ico" type="image/x-icon" />
    <meta name="Keywords" content="中国城市消费指南 餐馆美食 购物 休闲娱乐 生活服务 活动优惠 打折信息 大众点评网 第一家也是领先的web2.0式的本地搜索门户" />
    <meta name="Description" content="中国城市消费指南 餐馆美食、购物、休闲娱乐、生活服务、活动优惠打折信息。大众点评网是中国第一家也是领先的web2.0式的本地搜索门户。商户的信息
    <meta http-equiv="mobile-agent" content="format=html5; url=http://m.dianping.com">
    <meta http-equiv="mobile-agent" content="format=xhtml; url=http://wap.dianping.com">
    <!--1. 首先引入页头模块css，保证页头模块css在前，首先渲染 -->
    <link rel="stylesheet" type="text/css" href="//www.dpfile.com/app/pc-common/index.min.1b782a80b8abe41a0307fdd6b470542a.css">
    <!--2. 引入页头模块 js -->
    <script type="text/javascript" src="//www.dpfile.com/app/pc-common/index.min.f2491848f6ed02c16c39faad2febfa93.js"></script>
<link rel="stylesheet" href="//www.dpfile.com/app/dpindex-new-static/static/citylist.min.0ac38adea56d73cbcc20636702b4dda4.css" type="text/css"/>
    <script type="text/javascript">
        window._DP_HeaderData = {
>>>
```

图 3-10 大众点评网页代码

3.4 Selenium 抓取动态页面

3.4.1 Selenium 概述

静态数据是服务器已经渲染好的内容,由浏览器直接解释执行。随着 Web 前端技术的发展,JavaScript 技术应用越来越广泛,有交互性的动态网页更能满足网站的需求。如何判断一个网页是静态还是动态? 最简单的方法是,如果单击下一页地址栏没有发生任何变化,则说明是动态网页。

Selenium 是支持 Web 浏览器自动化的一系列工具和库的综合项目,其核心是 WebDriver,利用它可以驱动 Firefox、Chrome、IE 等浏览器执行特定的动作,如单击、下拉等操作,同时还可以获取浏览器当前呈现页面的源代码,从而做到可见即可爬。对于一些 JavaScript 动态渲染的页面,此种抓取方式非常有效。

3.4.2 Selenium 的安装

1. 安装 Selenium

为了在 Python 中使用 Selenium,需要安装 Selenium 包,本书编写时使用的版本 4.8.2。

(1) 命令行方式。

打开 Windows 的命令行或 PyCharm 的 Terminal 终端,输入命令如下。

```
pip install selenium == 4.8.2
```

(2) 菜单方式。

安装方法可参照 3.3.1 节第三方库的安装。

2. 安装驱动 geckodriver

浏览器的驱动文件至关重要,没有驱动文件,在程序中将无法调取浏览器。根据浏览器的不同,可以在对应官网或开源平台下载对应的驱动。

Chrome 浏览器的驱动文件为 chromedriver.exe,Firefox 浏览器的驱动文件为 geckodriver.exe,Edge 浏览器的驱动文件为 msedgedriver.exe。

以 Firefox 浏览器为例说明具体安装过程。

(1) 下载 Firefox 的 driver 驱动。

GitHub 是一个由微软开发的面向开源及私有软件项目的托管平台,提供了大量的开源代码。打开 GitHub 网站,根据所用 Firefox 的版本,找到对应的驱动文件下载。

(2) 解压下载好的 geckodriver.zip。

(3) 将解压完成的 geckodriver.exe 放入 Firefox 安装包的根目录下。

(4) 配置环境变量。编辑 path,将 Firefox 安装包的路径写入。

(5) 找到 Python 的安装包,将 geckodriver.exe 复制到 python.exe 的同级目录下。

3.4.3 Selenium 的基本用法

1. 调用浏览器

在 PyCharm 中运行以下代码,代码将启动浏览器并打开百度首页。

```
from selenium import webdriver
#打开 Firefox 浏览器
browser = webdriver.Firefox()
#打开 Chrome 浏览器
browser = webdriver.Chrome()
#打开 Edge 浏览器
browser = webdriver.Edge()
#获取百度首页地址
browser.get("https://www.baidu.com")
#关闭浏览器
browser.quit()
```

2．元素定位

元素定位方法包含了以下两个系列。

（1）find_element()系列：用于定位单个页面元素。

（2）find_elements()系列：用于定位一组页面元素，并获取一组列表。

在调用页面元素时，需要在代码前导入 By 模块，代码如下。

```
from selenium import webdriver
from selenium.webdriver.common.by import By
```

元素定位的相关操作如下。

（1）通过 ID 属性定位。

基本格式：find_element(By.ID,'XX')，表示根据元素的 ID 属性定位。

（2）通过 name 属性定位。

基本格式：find_element(By.NAME,'XX')，表示根据元素的 name 值定位。

（3）通过 class 定位。

基本格式：find_element_by(By.CLASS_NAME,'XX')，表示根据元素的 class 属性定位，但可能受 JavaScript 影响动态变化。

（4）通过 tag 定位。

基本格式：find_element(By.TAG_NAME,'XX')，表示根据元素的标签名定位。

（5）通过 link 定位。

link 表示含有属性 href 的标签元素，如< a href="https://www.csdn.net"> linktext </a>，可以通过 LINK-TEXT 进行定位。

基本格式：find_element(By.LINK_TEXT,'XX')，表示链接文本全匹配进行精确定位。

基本格式：find_element(By.PARTIAL_LINK_TEXT,'XX')，表示链接文本模糊匹配进行定位。

（6）通过 XPath 定位。

XPath 是一种在 XML 文档中定位元素的语言，其详细内容将在第 4 章进行介绍。

基本格式：find_element(By.XPATH,'XX')，表示根据元素的 XPath 表达式定位，可以准确定位任何元素。

（7）通过 CSS 选择器定位。

基本格式：find_element(By.CSS_SELECTOR,'XX')，表示根据元素的 CSS 选择器定

位,可以准确定位任何元素。

(8) 文本输入、清空与提交。

send_keys('XXX')表示文本输入,clear()表示文本清空,submit()表示文本提交。

(9) 获取页面内容。

title 表示页面标题,page_source 表示页面源码,current_url 表示当前页面链接,text 表示标签内文本。

例如,调用 Firefox 访问百度首页,并输出页面标题、页面链接,代码如下。

```
import time
from selenium import webdriver
from selenium.webdriver.common.by import By
browser = webdriver.Firefox()
browser.get("http://www.baidu.com")
#获取标题
title = browser.title
#输出标题
print(title)
#获取源代码
page_code = browser.page_source
#获取页面链接
url = browser.current_url
#输出页面链接
print(url)
#等待 3s,关闭页面
time.sleep(3)
browser.quit()
```

(10) 等待。

等待有以下 3 种方法。

① sleep(N)。强制等待,需要导入 time 包,N 表示等待时长。该方法常用于避免因元素未加载出来而定位失败的情况。

② WebDriverWait(browser,N,H)。显式等待,browser 表示浏览器对象,N 是等待时长,H 是频率。显式等待只针对指定的元素生效,可以根据需要定位的元素来设置显式等待。

③ implicitly_wait(N)。隐式等待,N 表示页面元素加载的最大等待时长。如果加载到需要的内容,就结束等待,执行下一步操作;如果超出最大等待时间元素仍未加载,就抛出异常。

(11) 调整浏览器窗口尺寸。

maximize_window()表示窗口最大化,minimize_window()表示窗口最小化,set_window_size(width,height)表示调整窗口为指定尺寸。

(12) 前进后退。

forward()表示前进一页,back()表示后退一页。

(13) 页面刷新。

refresh()表示页面刷新。

(14) 窗口切换。

① current_window_handle:表示获取当前窗口的句柄。

② window_handles：表示获取所有打开页面的句柄，形式为列表。

③ switch_to. window("XX")：表示切换到指定页面，XX 代表页面句柄。

④ switch_to. frame(XX)：表示切换到内敛框架页面，XX 代表内敛框架标签的定位对象。

⑤ swith_to. parent_frame()：表示切回到内敛框架的上一级，即从内敛框架切出。

⑥ switch_to. alert：表示切换到页面弹窗。

(15) 获取标签元素的属性值。

get_attribute("XX")：表示获取标签属性值，XX 为标签属性名。

(16) 下拉列表操作。

下拉列表操作涉及的类为 Select 类，需要在程序前输入以下代码导入模块。

```
from selenium.webdriver.support.select import Select
```

在使用 Select 类时，需要用到以下方法。

① Select("XX")：表示判断标签元素 XX 是否为下拉列表元素。

② select_by_value("XX")：表示通过下拉列表 value 的值 XX 来选择选项。

③ select_by_visible_text("XX")：表示通过下拉列表中的文本内容 XX 来选择选项。

④ select_by_index(N)或 options[N]. click()：表示通过下拉列表索引号 N 来选择选项，从 0 开始计算。

⑤ Options：表示下拉列表内的 options 标签。

(17) 弹窗操作。

switch_to. alert 表示获取弹窗对象，text 表示弹窗内容，accept( )表示接受弹窗，dismiss()表示取消弹窗。

(18) 鼠标操作。

鼠标操作涉及的类为 ActionChains 类，需要在程序前输入以下代码导入模块。

```
from selenium.webdriver import ActionChains
```

在使用 ActionChains 类时，需要用到以下方法。

① move_to_element(X)：表示鼠标悬停，X 表示定位到的标签。

② double_click(X)：表示双击。

③ context_click(X)：表示右击。

④ perform()：表示执行所有存储在 ActionChains()类中的行为，做最终的提交。

(19) 键盘操作。

键盘操作涉及的类为 Keys 类，需要在程序前输入以下代码导入模块。

```
from selenium.webdriver import Keys
```

在使用 keys 类时，需要用到以下方法。

send_keys(Keys. BACK_SPACE)表示执行回退键，Backspace. send_keys(Keys. CONTROL,'a')表示全选，send_keys(Keys. CONTROL,'x')表示剪切，send_keys(Keys. CONTROL,'c')表示复制，send_keys(Keys. CONTROL,'v')表示粘贴。

（20）JavaScript 代码执行。

execute_script(X)，表示执行 JavaScript 代码，X 是要执行的 JavaScript 代码。

（21）窗口截图。

基本格式：get_screenshot_as_file(XX)，表示浏览器窗口截屏，XX 是文件保存地址、文件名及格式。

3.4.4 用 Selenium 爬取旅游网站数据

1. 在 12306 爬取北京旅游信息

实现效果：调用 Firefox 浏览器打开 12306 的旅游子页面，在搜索框中输入"北京"，然后关闭浏览器。

需要提前做好的准备工作如下。

（1）确定目标页面 URL。

在浏览器的地址栏中，复制 12306 的旅游页面的 URL。

（2）搜索框的 ID 值。

在浏览器中按 F12 键进入开发者工具，单击 图标，再单击网页中要定位的搜索框。在开发者界面中会看到搜索框对应的 HTML 代码，复制 ID 的值"commom_keyword"，为程序代码的编写做好准备。开发者工具界面如图 3-11 所示。

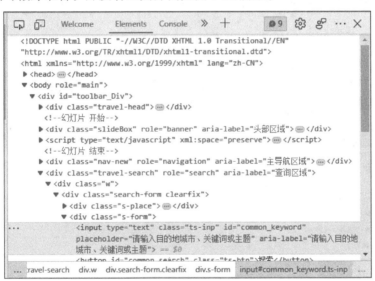

图 3-11 开发者工具界面

（3）搜索按钮的 ID 值。

搜索按钮的 ID 值的查找方式与搜索框相同。

做好以上准备后，在 PyCharm 中编写代码如下。

```
from selenium import webdriver
from selenium.webdriver.common.by import By
from selenium.webdriver.common.keys import Keys
import time
from selenium.webdriver.support.wait import WebDriverWait
```

```
from selenium.webdriver.support import expected_conditions as EC
# 调取 Firefox 浏览器
browser = webdriver.Firefox()
try:
    # 获取 URL
    browser.get('https://travel.12306.cn/portal/travel/list')
    # 查找搜索框的 ID 元素并赋值
    input = browser.find_element(By.ID, 'common_keyword')
    # 在搜索框中输入"北京"
    input.send_keys('北京')
    click = browser.find_element(By.ID, 'common_search')
    # 等待 2s
    time.sleep(2)
    # 单击搜索键
    click.send_keys(Keys.ENTER)
    wait = WebDriverWait(browser, 20)
    wait.until(EC.presence_of_element_located((By.ID, 'common_keyword')))
    # 输出当前页面的 URL
    print(browser.current_url)
    # 输出当前页面的 Cookies
    print(browser.get_cookies())
    # 输出当前页面的页面资源
    print(browser.page_source)
finally:
    browser.close()
```

运行代码,在浏览器中可查到的界面如图 3-12 所示。

图 3-12   12306"北京"旅游信息

2. 爬取景点点评

实现效果:访问携程网上的重庆欢乐谷景点,输出前 10 页点评,点评内容包括用户名、评分、评语、点评时间和 IP 地址。

需要提前做好的准备工作如下。

（1）确定目标页面 URL。

在浏览器的地址栏中，打开携程网上的重庆欢乐谷景点页面，复制 URL 链接 https://you.ctrip.com/sight/chongqing158/2486251.html。

（2）选择翻页方法。

由于本例中要输出 10 页的点评内容，因此需要观察每个页面的 URL。如果每个页面的 URL 不同，则需要分析 URL 链接的规律，并用 for 循环获取页面地址；如果切换页面后发现 URL 地址没有变化，则需要通过鼠标选择下一页，以此获取后续页的内容。本案例属于后者，故选择用鼠标进行切换。

（3）查找 XPath。

按 F12 键进入开发者工具，单击网页中要定位的元素，在开发者界面中找到与其对应的 HTML 代码，右击该代码可以复制 XPath 路径。

做好以上准备后，在 PyCharm 中编写代码如下。

```python
import time
from selenium import webdriver
from selenium.webdriver import ActionChains
from selenium.webdriver.common.by import By
from lxml import etree
base_url = r'https://you.ctrip.com/sight/chongqing158/2486251.html'
#打开浏览器处理
browser = webdriver.Firefox()
browser.get(base_url)
print("正在获取数据……请稍等……")
time.sleep(4)
#循环获取10页评价
for x in range(10):
    print("第{0}页数据加载中,请稍等……".format(x + 1))
    time.sleep(5)
    print('--------- 正在获取第{0}页数据 --------'.format(x + 1))
    url1 = browser.current_url
    res = browser.page_source
    html = etree.HTML(res)
    #评价用户名
    result1 = html.xpath('/html/body/div[2]/div[2]/div/div[3]/div/div[4]/div[1]/div[4]/div/div[5]/div/div[1]/div[2]/text()')
    #评分
    result2 = html.xpath('/html/body/div[2]/div[2]/div/div[3]/div/div[4]/div[1]/div[4]/div/div[5]/div/div[2]/div[1]/span/text()')
    #评价语
    result3 = html.xpath('/html/body/div[2]/div[2]/div/div[3]/div/div[4]/div[1]/div[4]/div/div[5]/div/div[2]/div[2]/text()')
    #评价图片(当图片变化时,评价时间和评价IP归属地XPath有变化,需要单独处理)
    l1 = []
    l2 = []
    l3 = []
    for y in range(1,11):
```

```python
        #评价图片
        result4 = html.xpath('/html/body/div[2]/div[2]/div/div[3]/div/div[4]/div[1]/div
[4]/div/div[5]/div[{0}]/div[2]/div[3]/a/@href'.format(y))
        if len(result4) == 0:
            #评价时间
            result5 = html.xpath('/html/body/div[2]/div[2]/div/div[3]/div/div[4]/div[1]/
div[4]/div/div[5]/div[{0}]/div[2]/div[3]/div[1]/text()'.format(y))
            #评价 IP 归属地
            result6 = html.xpath('/html/body/div[2]/div[2]/div/div[3]/div/div[4]/div[1]/
div[4]/div/div[5]/div[{0}]/div[2]/div[3]/div[1]/span/text()'.format(y))
            l2.append(result5[0])
            l3.append(result6[0])
            l3.append(result6[1])
        else:
            l1.append(result4)
            #评价时间及 IP 归属地
            result5 = html.xpath('/html/body/div[2]/div[2]/div/div[3]/div/div[4]/div[1]/
div[4]/div/div[5]/div[{0}]/div[2]/div[4]/div[1]/text()'.format(y))
            result6 = html.xpath( '/html/body/div[2]/div[2]/div/div[3]/div/div[4]/div[1]/
div[4]/div/div[5]/div[{0}]/div[2]/div[4]/div[1]/span/text()'.format(y))
            l2.append(result5[0])
            l3.append(result6[0])
            l3.append(result6[1])
    print('用户名:', result1)
    print('评分:', result2)
    print('评语:', result3)
    print('图片链接:', l1)
    print('评价时间:', l2)
    print('IP 归属地:', l3)
    #换页操作
    #获取底部下一页
    canzhao = browser.find_elements(By.CLASS_NAME, 'seotitle1')
    nextpage = browser.find_elements(By.CLASS_NAME, 'ant-pagination-item-comment')
    time.sleep(2)
    #移动到元素 element 对象的"顶端",与当前窗口的"D底部"对齐
    browser.execute_script("arguments[0].scrollIntoView(false);", canzhao[0])
    time.sleep(2)
    #鼠标移至下一页
    ActionChains(browser).move_to_element(nextpage[1]).perform()
    time.sleep(2)
    #鼠标单击下一页
    nextpage[1].click()
    time.sleep(4)
# 数据爬取完成,关闭浏览器
print('-------- 获取数据完成 -------- ')
time.sleep(4)
browser.close()
```

部分输出结果如图 3-13 所示。

本案例用到了 XPath,具体使用原理将在第 4 章进行详细介绍。

图 3-13 部分爬取结果

第4章

数据解析

在第 3 章中使用 Requests 和 Selenium 获取了静态网页和动态网页的 HTML 信息,但 HTML 中的数据不能直接用作数据分析,还需要从网页源代码中提取想要的那一部分数据。这就需要数据解析技术。

4.1 数据解析技术

数据解析技术是指分析网页的数据和结构,确定数据所在的位置和相应标签,然后借助网页解析器(用于解析网页的工具)从网页中解析和提取出有价值的数据。网页解析过程如图 4-1 所示。

图 4-1 网页解析过程

为此,Python 支持一些解析网页的技术,目前应用较为广泛的是正则表达式、XPath 和 Beautiful Soup。其中,正则表达式基于文本的特征来匹配或查找指定的数据,它可以处理任何格式的字符串文档,类似于模糊匹配的效果,因此主要针对文本和 HTML/XML 进行解析;XPath 和 Beautiful Soup 基于 HTML/XML 文档的层次结构来确定到达指定结点的路径,更适合处理层级比较明显的数据。另外,常用的网页解析技术还有针对 JSON 文档解析的 JSONPath。

对于不同的网页解析技术,Python 分别提供了不同的模块或库来支持。其中,re 模块支持正则表达式语法的使用,lxml 库支持 XPath 语法的使用,json 模块支持 JSONPath 语法的使用。此外,Beautiful Soup 本身就是一个 Python 库,官方推荐使用 Beautiful Soup 4 进行开发。

在实际开发中,根据不同的网页结构和需求,可以选择适合的解析方式对网页进行解析。

4.2 正则表达式

1. 什么是正则表达式

在网页源代码中,经常要准确定位或搜索到需要的文本,但是,常用的搜索和替换方法缺乏灵活性,往往很难准确地搜索到精确的信息。特别是对于动态网页,要精确定位到某个元素或某项数据,是一件很困难的事。针对上述问题,正则表达式应运而生。

正则表达式又称规则表达式,通过制定一些规则来匹配或过滤字符串,类似于模糊查询,通常被用来检索、替换那些符合模式的文本。表达式由常用字符(如字母、数字等)和特殊字符(也称元字符)组合而成。

正则表达式的应用主要有以下几个方面。

(1)查找字符串:可以使用正则表达式来匹配查询文档中满足特定规则的文本。

(2)替换字符串:可以使用正则表达式将满足特定规则的文本替换为指定文本。

(3)删除字符串:可以删除匹配到满足特定规则的文本。

2. 使用规则

要使用正则表达式对文本进行匹配查询,首先需要了解它的表达规则。正则表达式由普通字符和特殊字符组成。例如,身份证的规则可以表达为/^\d{1}[1-9]\d{16}[0-9]|X $/。

正则表达式中的常用元字符的含义如表 4-1 所示。

表 4-1 常用元字符的含义

字 符	描 述	字 符	描 述
^	标记开始位置	\B	匹配非单词边界的字符
$	标记结束位置	\cx	匹配由 x 指明类型的控制字符
*	匹配 0 次或多次	\d	匹配 1 个数字
+	匹配 1 次或多次	\D	匹配 1 个非数字
?	匹配 0 次或 1 次	\f	匹配 1 个换页符
{n}	重复 n 次	\n	匹配 1 个换行符
{n,}	重复 n 次或多次	\r	匹配 1 个回车符
{n,m}	重复 n~m 次	\s	匹配任何空白字符
a|b	匹配 a 或 b	\S	匹配任何非空白字符
[ABC]	匹配[]中的所有字符	\t	匹配 1 个制表符
[^ABC]	匹配除了[]中字符外的所有字符	\v	匹配 1 个垂直制表符
[A-Z]	匹配所有大写字母,[a-z]表示所有小写字母	\w	匹配字母、数字、下画线
.	匹配除换行符(\n、\r)之外的任何单个字符	\W	匹配非字母、数字、下画线

3. 运算符

除了字符的含义外,表达式还要确定运算符的优先级,才能准确匹配到需要的字符串。正则表达式中的常用运算符的含义如表 4-2 所示。

表 4-2 常用运算符的含义

运 算 符	描 述	优 先 级
\	转义符	1
(),[]	圆括号、方括号	2
*,+,?,{n},{n,},{n,m}	限定符	3
^,$,\元字符	定位点、序列字符	4
|	表示"或",或者"替换"	5

4. 用 re 模块使用正则表达式

Python 提供了对正则表达式的支持,在其内置的 re 模块中包含一些函数接口和类,开发人员可以使用这些函数和类,对正则表达式与匹配结果进行操作。

re 模块的使用需要在程序前导入以下代码。

```
import re
```

re 模块中的常用方法及其功能如表 4-3 所示。

表 4-3　re 模块中的常用方法及其功能

方 法 名 称	功　　能
re. compile(pattern, flags)	将正则表达式的样式编译为一个正则表达式对象
re. search(pattern, string, flags)	在 string 内进行匹配,如果匹配到了正则表达式,则返回一个匹配对象;否则,返回 Null
re. match(pattern, string, flags)	从 string 起始处开始匹配,如果匹配到了正则表达式,则返回匹配对象;否则,返回 Null
re. findall(pattern, string, flags)	在 string 内进行匹配,并以列表形式返回所有匹配对象
re. finditer(pattern, string, flags)	将匹配的所有对象作为一个迭代器返回
re. sub(pattern, repl, string, count, flags)	使用 repl 替换 string 中每一个匹配的字串,并返回替换后的字符串
rx. subn(pattern, repl, string, count, flags)	与 re. sub()方法相同,区别在于返回的是二元组,其中一项是结果字符串,另一项是做替换的个数
re. split(s, m)	分割字符串,返回一个列表,用正则表达式匹配到的内容对字符串进行分割。如果正则表达式中存在分组,则将分组匹配到的内容放在列表中每两次分割的中间,以此作为列表的一部分

5. 应用案例

下面介绍正则表达式的简单应用。在实际中,正则表达式一般不是单独应用,它可以与 Beautiful Soup 等其他数据解析技术结合起来,从而实现对 HTML 中所需要内容的高效提取。

（1）查找字符。

例如,输入以下代码,可以提取字符串中的所有单词,并将其作为列表进行显示。

```
import re
ss = "I'm learning python, what about you?"
res = re. findall(r'\w + ', ss)
print(res)
```

输出结果如下。

```
['I', 'm', 'learning', 'python', 'what', 'about', 'you']
```

（2）查找数字。

例如,输入以下代码,可以查找字符串中的所有数字,并将其作为列表输出。

```
import re
ss = "abc123456789123456789abc"
res = re.findall(r'\d + ',ss)
print(res)
```

输出结果如下。

```
['123456789123456789', '123']
```

（3）查找位置。

例如，输入以下代码，可以输出字母"y"在字符串 ss 中的匹配情况。

```
import re
ss = "I'm learning python, what about you?"
res = re.search(r'y',ss)
print(res)
```

输出结果如下。

```
< re.Match object; span = (14, 15), match = 'y'>
    将"print(res)"更改为 print(res.group(0)),则输出结果为
y
```

（4）替换字符。

例如，在以下代码中，将字符串 ss 中的"abc"替换为"000"。

```
import re
pp = re.compile("abc")                          #定义规则
ss = "abc123456789123456789abc123"              #定义被查找的字符串
res = re.sub(pp,"000",ss)                        #在 ss 中将 pp 替换为"000"
print(res)                                        #输出替换结果
```

（5）提取携程网首页标题。

打开携程网首页，在开发者工具中查看 HTML 代码，观察到标题所在的代码为：
< title >携程旅行网官网：酒店预订,机票预订查询,旅游度假,商旅管理</title >。分析代码特点，从中提取出标题内容，编写代码如下。

```
import re,requests
#获取携程网网页代码
r = requests.get ( 'https://www.ctrip.com/? sid = 155952&allianceid = 4897&ouid = index ').
content.decode('utf - 8')
#给出正则表达式,用于验证其他的字符串
pat = re.compile(r'((<title>)([\S\s] + )(</title>))')
#用 search 查找匹配的字符并输出标题
print(pat.search(r).group(3))
```

输出结果如下。

```
携程旅行网官网：酒店预订,机票预订查询,旅游度假,商旅管理
```

4.3　XPath

4.3.1　XPath 概述

XPath,全称为 XML Path Language(XML 路径语言)。XPath 是一种可扩展标记语言,也是一种在 XML 文档中查找信息的语言,可以对 XML 文件中的元素和属性进行遍历。XPath 使用路径表达式来选取 XML 文档中的结点,这与计算机的资源管理器的路径相似。

XPath 表达式及其含义如表 4-4 所示。

表 4-4　XPath 表达式及其含义

表达式	描　述	路径表达式	含　义
nodename	选取此结点的所有子结点	/notestore/note[1]	选取 notestore 子元素的第一个 note 元素
/	从当前结点选取直接子结点	/notestore/note[last()]	选取 notestore 子元素的最后一个 note 元素
//	从当前结点选取子孙结点	/notestore/note[last()−1]	选取 notestore 子元素的倒数第二个 note 元素
.	选取当前结点	/notestore/note[position()<5]	选取最前面的 4 个 notes 元素的子元素的 note 元素
..	选取当前结点的父结点	//title[@tuan]	选取所有拥有名为 tuan 的属性的 title 元素
@	选取属性	//title[@tuan='price']	选取所有 title 元素,且这些元素拥有值为 price 的 tuan 属性
*	通配符,选择所有元素结点及元素名	/notestore/note[price>50.00]	选取 notestore 元素的所有 note 元素,且其中的 price 元素的值须大于 50.00
@*	选取所有属性	/notestore/note[price>50.00]//title	选取 notestore 元素中的 note 元素的所有 title 元素,且其中的 price 元素的值须大于 50.00

表中的父结点、子结点和子孙结点,是指在 HTML 或 XML 中的高一级别标签和低一级别标签的关系。

在 12306 网站,按 F12 键打开开发者工具,如图 4-2 所示。右击车站的录入框对应的 HTML 代码,选择 Copy 选项,可以复制 XPath 为//*[@id="cd_codeText"],复制 full XPath 为/html/body/div[1]/div[3]/form/div/ul/li[2]/div/input[1],其中 XPath 为相对路径,full XPath 为绝对路径。

使用绝对路径定位,是指从网页的 HTML 代码结构的最外层开始,逐层写到需要被定位的页面元素为止。绝对路径起始于"/",每一层都被"/"所分割。在绝对路径中,可以用中括号选择分支。

使用相对路径定位,是指从网页文本的任意目录开始写入。相对路径起始于"//"。在 XPath 中,属性以"@"开头。当出现一个属性不足以标识某个元素的情况时,可以使用逻辑运算符"and"来连接多个属性进行标识。当一个元素本身没有唯一标识它的属性时,可以

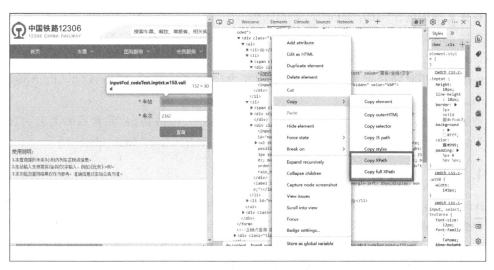

图 4-2　XPath 的查看方法

查找它的上层或更上层,然后再往下写。

　　一般情况下,使用相对路径结合属性的 XPath 表达式更简洁,也更易于维护;使用绝对路径的定位方式,虽然能实现精确定位,但表达式太长而不利于后期的代码维护,代码发生微小变化都将会带来定位的失败。因此,一般选择相对路径定位较多。

　　在图 4-3 的树状图中,查找 ID 属性的值包含"tuan-list"的元素,可以使用表达式// *[contains(@id,'tuan-list')]。

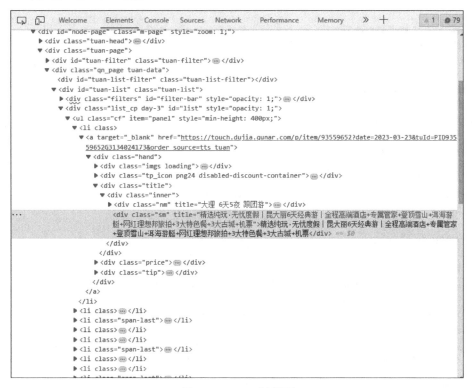

图 4-3　HTML 树状图

查找文本里包含"酒店"的元素,表示式为// * [contains(text(),'酒店')]。

查找 class 属性中开始位置包含"tuan"关键字的元素,表示式为// * [starts-with(@ class,'tuan')]。

使用多个相对路径定位一个元素,表示式为//div[@class = 'filters']//input[@id = 'filter-bar']。

轴定位的表示式使用"::"表示。例如,查找 class = "tuan-page"元素后面类名为"tuan-filter"的第一个元素: // * [@class = "tuan-page"]//following::tuan-filter[1]。

4.3.2　lxml 库

lxml 是可以用 XPath 的规则和语法在 Python 中进行定位的第三方库,主要用于创建、解析和查询 XML/HTML 文档,其解析效率非常高且功能丰富。lxml 库的安装方法与其他第三方库类似,都有命令行方式和菜单方式两种。对于命令行的安装方式,需要在终端输入 pip install lxml。lxml 库的主要功能都在 etree 模块中,在程序前要输入 from lxml import etree。

lxml 库中包含 3 个类:Element 类、ElementTree 类和 ElementPath 类。其中,Element 是 XML 处理的核心类,也可以理解为 XML 的结点。

对 lxml 库的操作通常有以下 3 种。

(1) 创建 XML/HTML 文档。

lxml 库可以用来创建一个 XML 文档。创建结点、添加属性、添加文本等基本操作的代码如下。

```python
from lxml import etree
# 创建根元素 html
root = etree.Element("html")
# 创建头部
head = etree.Element("head")
# 创建主体
body = etree.Element("body")
# 创建父子关系
root.append(head)
root.append(body)
# 查看创建好的网页结构
print(etree.tostring(root, pretty_print = True).decode())
# 删除子结点
root.remove(body)
# 删除所有子结点
root.clear()
# 查看网页结构
print(etree.tostring(root, pretty_print = True).decode())
# 创建 root1 结点,并为其添加属性
root1 = etree.Element('root1', interesting = 'totally')
# 输出结点标签
print(root1.tag)
# 给结点添加 size 属性
root1.set('size', '18')
# 为结点添加文本
```

```
root1.text = '旅游景点'
print(root1.text)
# 用 tostring 输出为 XML 文档
print(etree.tostring(root1, encoding = "utf - 8", pretty_print = True, method = "html").decode
("utf - 8"))
```

输出结果如下。

```
< html >
  < head/>
  < body/>
</html >
< html/>
root1
旅游景点
b'< root1 interesting = "totally" size = "18">旅游景点</root1 >'
```

在上述代码中,首先创建一个 Element 对象,然后调用 append()函数来建立父子关系,在级别较多时会使代码的可读性变差,使用 SubElement 类型创建 XML 文档会更为精简。使用 SubElement 可以减少代码行数,其构造函数有两个参数：父结点和元素名称。例如：

```
root = etree.Element("html")
head = etree.Element("head")
root.append(head)
# 可以改写为
root = etree.Element("html")
body = etree.SubElement(root,"body")
```

(2) 解析 XML/HTML 文档。

在解析 XML 文档时,通常使用 fromstring、XML 和 HTML 3 个方法。

fromstring()函数可以从字符串中解析 XML 文档或片段,并返回根结点。例如,输入以下代码,可以看到 fromstring()函数返回一个属性为 html 的 Element 对象。

```
from lxml import etree
xml = '< html >< body >Hello </body ></html >'
root = etree.fromstring(xml)
print(root)
print(root.tag)
```

输出结果如下。

```
< Element html at 0x2aff62aa180 >
html
```

HTML()函数可以从字符串常量中解析 HTML 文档或片段,并返回根结点。XML()函数与前两个函数的执行结果基本相同,与 HTML()函数的不同之处在于,XML()函数是将 XML 文档直接写入源代码中,而 HTML()函数可以补全缺少的< html >和< body >标签。例如：

```
from lxml import etree
t = '''
<div>
    <ul>
        <li class = "c0"><a href = "k1.html">第 1 个元素</a></li>
        <li class = "c1"><a href = "k2.html">第 2 个元素</a></li>
    </ul>
</div>
'''
# fromstring()函数
r1 = etree.fromstring(t)
print(r1.tag)
# 用 tostring 函数输出为 XML 文档
print(etree.tostring(r1))
# XML()函数
r2 = etree.XML(t)
print(r2.tag)
print(etree.tostring(r2))
# HTML()函数,会自动补上缺乏的<html>和<body>标签
r3 = etree.HTML(t)
print(r3.tag)
print(etree.tostring(r3))
```

输出结果如下。

```
div b'<div>\n<ul>\n<li class = "c0"><a href = "k1.html">&#31532;1&#20010;&#20803;&#
32032;</a></li>\n<li class = "c1"><a href = "k2.html">&#31532;2&#20010;&#20803;&#
32032;</a></li>\n</ul>\n</div>'
div b'<div>\n<ul>\n<li class = "c0"><a href = "k1.html">&#31532;1&#20010;&#20803;&#
32032;</a></li>\n<li class = "c1"><a href = "k2.html">&#31532;2&#20010;&#20803;&#
32032;</a></li>\n</ul>\n</div>'
html b'<html><body><div>\n<ul>\n<li class = "c0"><a href = "k1.html">&#31532;1&#
20010;&#20803;&#32032;</a></li>\n<li class = "c1"><a href = "k2.html">&#31532;2&#
20010;&#20803;&#32032;</a></li>\n</ul>\n</div>\n</body></html>'
```

可以看到,在最后一行输出结果中,自动补上了缺失的<body>和<html>标签。

除以上 3 个函数外,还可以使用 parse()函数对内存中的 XML 文档直接解析。

(3) 数据提取。

使用 lxml 库在 XML/HTML 中提取数据,经常会与 XPath 表达式结合起来使用。以下代码演示了常用的获取结点数据的操作。

```
# 选取所有结点
result = html.xpath('//*')
# 获取所有 li 结点
result = html.xpath('//li')
# 获取所有 li 结点的直接 a 子结点
result = html.xpath('//li/a')
# 获取所有 li 结点的所有 a 子孙结点
result = html.xpath('//li//a')
# 获取所有 href 属性为 link.html 的 a 结点的父结点的 class 属性
result = html.xpath('//a[@href = "link.html"]/../@class')
```

```
#获取所有 class 属性为 gender 的 li 结点
result = html.xpath('//li[@class = "gender"]')
#获取所有 li 结点的文本
result = html.xpath('//li/text()')
#获取所有 li 结点的 a 结点的 href 属性
result = html.xpath('//li/a/@href')
#当 li 的 class 属性有多个值时,需要使用 contains 函数完成匹配
result = html.xpath('//li[contains(@class,"li")]/a/text()')
#多属性匹配
result = html.xpath('//li[contains(@class,"li") and @name = "item"]/a/text()')
#获取祖先结点
result = html.xpath('//li[1]/ancestor:: * ')
result = html.xpath('//li[1]/ancestor::div')
#获取属性值
result = html.xpath('//li[1]/attribute:: * ')
#获取直接子结点
result = html.xpath('//li[1]/child::a[@href = "link.html"]')
#获取所有子孙结点
result = html.xpath('//li[1]/div:: * [2]')
#获取当前结点之后的所有结点的第 1 个
result = html.xpath('//li[1]/div::span')
#获取后续所有同级结点
result = html.xpath('//div[0]/following - sibling:: * ')
```

在获取结点数据的基础上,还需要了解以下 3 个常用的方法,才能更高效地进行查询。

① find()方法,可以返回匹配到的第一个子元素。

② findall()方法,可以以列表的形式返回所有匹配的子元素。

③ iterfind()方法,可以返回一个所有匹配元素的迭代器。

例如:

```
#从字符串中解析 XML,返回根结点
root = etree.XML("< root >< a x = '123'> aText < b/>< c/>< b/></a></root >")
#从根结点查找,返回匹配到的结点名称
print(root.find("a").tag)
#从根结点开始查找,返回匹配到的第一个结点的名称
print(root.findall(".//a[@x]")[0].tag)
```

输出结果如下。

```
a
A
```

4.3.3 应用案例

1. 从去哪儿网抓取丽江的跟团游线路

实现效果:计划做丽江旅游团购线路分析,需要将丽江的团购线路、团购价格等信息进行抓取。

准备工作:

（1）观察丽江团购每一页的 URL，如图 4-4 所示。

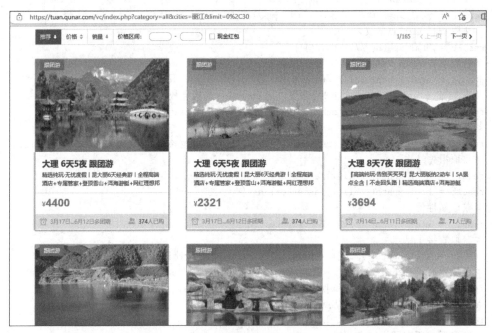

图 4-4　丽江团购游页面

第 1 页 网 址 为 https://tuan. qunar. com/vc/index. php? category = all&cities = ％
E4％B8％BD％E6％B1％9F&limit＝0％2C30，第 2 页网址为 https://tuan. qunar. com/vc/
index. php? category＝all&cities＝％E4％B8％BD％E6％B1％9F&limit＝30％2C30。再
观察第 3 页和第 4 页，发现每一页的 URL 差别都在 0％的位置。因此，设计 for 循环即可自
动获取每一页的 URL。

（2）在开发工具中查看需要的团购信息的 XPath 路径。

做好以上准备工作后，编写代码如下。

```python
import time
from selenium import webdriver
from lxml import etree
city = '丽江'
ys = 10
list_url = [ ]
for x in range(0,10):
    y = x * 30
    print(x)
    base_url = r'https://tuan. qunar. com/vc/index. php? category = all&cities = {0}&limit =
{1} % 2C30'. format(city, y)
    list_url. append(base_url)
for url in list_url:
    options = webdriver. FirefoxOptions()
    #设置浏览器为 headless 无界面模式
    options. add_argument(" -- headless")
    options. add_argument(" -- disable - gpu")
    #打开浏览器处理，注意浏览器无显示
```

```
browser = webdriver.Firefox(options = options)
browser.get(url)
print("正在爬取数据……请等待……")
time.sleep(4)
url1 = browser.current_url
res = browser.page_source
html = etree.HTML(res)
browser.close()
result1 = html.xpath('/html/body/div[5]/div[2]/div[2]/div[2]/div[2]/ul/li/a/div/div
[3]/div/div[1]/text()')
result2 = html.xpath('/html/body/div[5]/div[2]/div[2]/div[2]/div[2]/ul/li/a/div/div
[3]/div/div[2]/text()')
result3 = html.xpath('/html/body/div[5]/div[2]/div[2]/div[2]/div[2]/ul/li/a/div/div
[4]/span[1]/em/text()')
result4 = html.xpath('/html/body/div[5]/div[2]/div[2]/div[2]/div[2]/ul/li/a/div/div
[5]/span[2]/em/text()')
test = [ i for i in result1 if i != '\n                              ']
print(len(test))
print(len(result2))
print(len(result3))
print(len(result4))
print(test)
print(result2)
print(result3)
print(result4)
```

输出结果如图 4-5 所示。

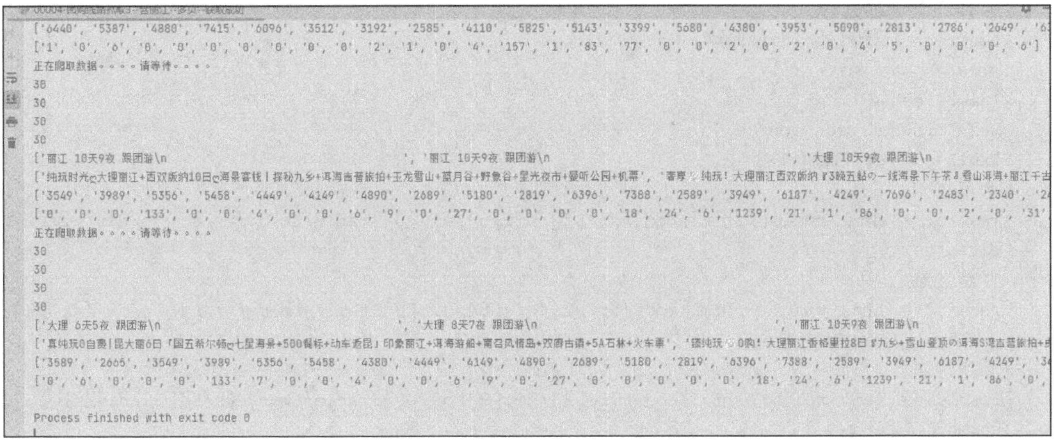

图 4-5 "丽江"团购程序输出结果

2. 12306 旅行车次信息

实现效果：计划分析重庆到北京的旅游线路，需要抓取"重庆—北京"的所有车次的始发站、到达站、出发时间、到达时间、历时等信息。

准备工作：

（1）打开 12306 网站，查找"重庆—北京"的所有车次信息，并查看 URL，如图 4-6 所示。

图 4-6 旅游车次页面

（2）在开发工具中查看需要抓取的各页面元素的 XPath 路径。

做好以上准备工作后，编写代码如下。

```
import time
from selenium import webdriver
from lxml import etree
base_url = r'https://kyfw.12306.cn/otn/leftTicket/init?linktypeid = dc&fs = % E9 % 87 % 8D %
E5 % BA % 86,CQW&ts = % E5 % 8C % 97 % E4 % BA % AC,BJP&date = 2023 - 03 - 16&flag = N,N,Y'
print("正在爬取数据……请等待……")
＃打开浏览器处理
browser = webdriver.Firefox()
browser.get(base_url)
time.sleep(4)
res = browser.page_source
html = etree.HTML(res)
＃车次
result1 = html.xpath('/html/body/div[2]/div[8]/div[8]/table/tbody/tr/td[1]/div/div[1]/
div/a/text()')
＃始发站
result2 = html.xpath('/html/body/div[2]/div[8]/div[8]/table/tbody/tr/td[1]/div/div[2]/
strong[1]/text()')
＃到达站
result3 = html.xpath('/html/body/div[2]/div[8]/div[8]/table/tbody/tr/td[1]/div/div[2]/
strong[2]/text()')
＃出发时间
result4 = html.xpath('/html/body/div[2]/div[8]/div[8]/table/tbody/tr/td[1]/div/div[3]/
strong[1]/text()')
＃到达时间
result5 = html.xpath('/html/body/div[2]/div[8]/div[8]/table/tbody/tr/td[1]/div/div[3]/
strong[2]/text()')
＃历时
result6 = html.xpath('/html/body/div[2]/div[8]/div[8]/table/tbody/tr/td[1]/div/div[4]/
strong/text()')
```

```
#输出车次信息
print('---- 共计{0}个车次信息,分别是:---- '.format(len(result1)))
for x in range(0,len(result1)):
    print('车次:',result1[x],'始发站:',result2[x],'到达站:',result3[x],'出发时间:',result4
[x],'到达时间:',result5[x],'历时:',result6[x])
print('---- 爬取的车次信息,显示完成 ---- ')
# 等待 3S,关闭浏览器
time.sleep(3)
browser.close()
```

输出结果如图 4-7 所示。

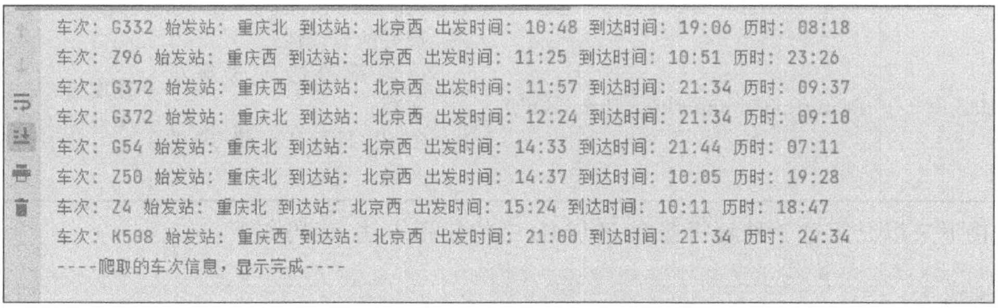

车次: G332 始发站: 重庆北 到达站: 北京西 出发时间: 10:48 到达时间: 19:06 历时: 08:18
车次: Z96 始发站: 重庆西 到达站: 北京西 出发时间: 11:25 到达时间: 10:51 历时: 23:26
车次: G372 始发站: 重庆西 到达站: 北京西 出发时间: 11:57 到达时间: 21:34 历时: 09:37
车次: G372 始发站: 重庆北 到达站: 北京西 出发时间: 12:24 到达时间: 21:34 历时: 09:10
车次: G54 始发站: 重庆北 到达站: 北京西 出发时间: 14:33 到达时间: 21:44 历时: 07:11
车次: Z50 始发站: 重庆北 到达站: 北京西 出发时间: 14:37 到达时间: 10:05 历时: 19:28
车次: Z4 始发站: 重庆北 到达站: 北京西 出发时间: 15:24 到达时间: 10:11 历时: 18:47
车次: K588 始发站: 重庆西 到达站: 北京西 出发时间: 21:00 到达时间: 21:34 历时: 24:34
----爬取的车次信息,显示完成----

图 4-7　12306 车次抓取结果

4.4　Beautiful Soup

4.4.1　Beautiful Soup 概述

提取 HTML/XML 数据,可以采用 lxml 库结合 XPath 语句的方法来编写程序。除此之外,Beautiful Soup 也可以实现同样的功能,且使用起来更加简洁方便,受到开发人员的推崇。

Beautiful Soup 是一个可以从 HTML 或 XML 文件中提取数据的 Python 第三方库。它能够通过解析器实现常用的文档导航、查找、文档修改等目的,有较高的数据提取效率。当前流行的 Beautiful Soup 4 是 Beautiful Soup 系列模块的第四代。在 Python 中使用 Beautiful Soup 库,需要提前安装库,命令行安装方式是 pip install beautifulsoup4,当然也可以采用菜单操作方式。导入 Beautiful Soup 4 模块的代码如下。

```
from bs4 import BeautifulSoup
```

4.4.2　构建与输出

1. 构建 Beautiful Soup 实例对象

传入一个文件操作符或一段文本,以此构建 Beautiful Soup 实例对象。有了该对象之后,就可以对该文档进行数据提取操作。Beautiful Soup 支持 Python 标准库中的 HTML 解析器,还支持一些第三方的解析器,如 lxml 和 HTML5lib。表 4-5 列出了主要的解析器及各自的特点。

表 4-5　解析器及其特点

解析器	使用方法	优　势	劣　势
Python 标准库	BeautifulSoup(markup, "html. parser")	Python 的内置标准库；执行速度适中；文档容错能力强	在 Python 2.7.3 或 3.2.2)前的版本中，文档容错能力差
lxml HTML 解析器	BeautifulSoup(markup,"lxml")	速度快；文档容错能力强	需要安装 C 语言库
lxml XML 解析器	BeautifulSoup(markup, ["lxml-xml"]) 或 BeautifulSoup(markup,"xml")	速度快；唯一支持 XML 的解析器	需要安装 C 语言库
HTML5 库	BeautifulSoup(markup,"html5lib")	最好的容错性；以浏览器的方式解析文档；生成 HTML5 格式的文档	速度慢；无外部扩展

接下来以介绍这 4 种解析器在 HTML 中的使用方法，代码如下。

```
html_doc = """
<html><head><title>旅游指南</title></head>
<body>
    <p class="title"><b>重庆旅游指南</b></p>
    <p class="food">重庆必吃的十大美食是：
    <a href="http://example.com/hg" class="ms" id="hg">火锅</a>、
    <a href="http://example.com/slf" class="ms" id="slf">酸辣粉</a>、
    <a href="http://example.com/xm" class="ms" id="xm">小面</a>、
    <a href="http://example.com/ty"     class="ms" id="xty">小汤圆</a>、
    <a href="http://example.com/mxw" class="ms" id="mxw">毛血旺</a>、
    <a href="http://example.com/knh" class="ms" id="knh">烤脑花</a>、
    <a href="http://example.com/dh"     class="ms" id="dh">豆花</a>、
    <a href="http://example.com/lzj" class="ms" id="lzj">辣子鸡</a>、
    <a href="http://example.com/cs"     class="ms" id="cs">抄手</a>、
    <a href="http://example.com/cmh" class="ms" id="cmh">陈麻花</a>
    欢迎您来重庆旅游！
</p>
from bs4 import BeautifulSoup
#用 Python 标准库解析
soup1 = BeautifulSoup(html_doc,'html.parser')
#用 lxml HTML 解析器
soup2 = BeautifulSoup(html_doc,'lxml')
#用 lxml XML 解析器
soup3 = BeautifulSoup(html_doc,'xml')
#用 HTML5 库解析
soup4 = BeautifulSoup(html_doc,'html5lib')
#输出解析结果
print(soup1.prettify())
print(soup2.prettify())
print(soup3.prettify())
print(soup4.prettify())
```

由上述代码可知，在创建 Beautiful Soup 对象时共传入了两个参数。其中，第一个参数表示包含被解析 HTML 文档的字符串或文件名；第二个参数表示使用的解析器。

2. 输出方法

常用的格式化输出方法为 prettify() 方法，可以将 Beautiful Soup 文档树格式化后以 Unicode 编码形式输出，每个 XML/HTML 标签都独占一席。prettify() 方法既可以为 HTML 标签和内容增加换行符，又可以对标签做相关的处理，以便于更加友好地显示 HTML 内容。用 prettify() 方法输出上例中的 XML 解析结果，执行 print(soup3.prettify())，部分结果如图 4-8 所示。

```
<?xml version="1.0" encoding="utf-8"?>
<html>
 <head>
  <title>
   旅游指南
  </title>
 </head>
 <body>
  <p class="title">
   <b>
    重庆旅游指南
   </b>
  </p>
  <p class="food">
   重庆必吃的十大美食是：
   <a class="ms" href="http://example.com/hg" id="hg">
    火锅
   </a>
   、
   <a class="ms" href="http://example.com/slf" id="slf">
    酸辣粉
   </a>
```

图 4-8　用 prettify() 方法输出 XML 解析结果

如果只想得到 Tag 中包含的文本内容，那么可以调用 get_text() 方法。get_text() 方法可以获取到 Tag 中包含的所有文本内容（包括子孙 Tag 中的内容），并将结果作为 Unicode 字符串输出。用 get_text() 方法输出上例中的 XML 解析结果，如图 4-9 所示。

如果只想得到结果字符串而不重视格式，那么可以对一个 BeautifulSoup 对象或 Tag 对象使用 Python 的 unicode() 或 str() 方法进行压缩输出。例如，str(soup) 将以字符串的形式返回文档树。另外，还可以调用 encode() 方法获得字节码或调用 decode() 方法获得 Unicode。

3. 结点对象

Beautiful Soup 将复杂 HTML 文档转换为一个复杂的树形结构，每个结点都是 Python 对象，所有对象可以归纳为 4 种：Tag、NavigableString、BeautifulSoup、Comment。

（1）Tag。

Tag 对象与 XML 或 HTML 原生文档中的 Tag 相同，它代表 HTML 的一个标签，如

旅游指南

重庆旅游指南重庆必吃的十大美食是：
　　　　火锅、
　　　　酸辣粉、
　　　　小面、
　　　　小汤圆、
　　　　毛血旺、
　　　　烤脑花、
　　　　豆花、
　　　　辣子鸡、
　　　　抄手、
　　　　陈麻花
　　　　欢迎您来重庆旅游！
...

图 4-9　用 get_text()方法输出 XML 解析结果

div、p 标签等，也是使用最多的一个对象。Tag 有两个最重要的属性：name 和 attrs，其中，name 表示标签的名字，attrs 表示标签的属性。标签的名字和属性是可以被修改的，但是修改后会直接改变 BeautifulSoup 对象。

tag.name 可以获取 Tag 的名字。一个标签可能有多个属性，如 Tag 有一个"class"的属性，其值为"food"。Tag 的属性的操作方法与字典相同，描述 tag 的属性可以是 tag['class']，也可以是 tag.class。Tag 的属性可以被添加、删除或修改，如 tag.class='color'将会修改 Tag 对象的属性。

如果标签拥有多值属性，则 tag.class 将可能会返回一个列表。如果转换的文档是 XML 格式，那么 Tag 中将不包含多值属性。

（2）NavigableString。

字符串常被包含在 Tag 内，Beautiful Soup 用 NavigableString 类遍历 Tag 中的字符串。对前文定义的 html_doc 代码，执行以下代码。

```
from bs4 import BeautifulSoup
soup = BeautifulSoup(html_doc,'html.parser')
print(soup.p.string)
```

输出结果如下。

```
重庆旅游指南
```

执行以下代码。

```
print(type(soup2.p.string))
```

输出结果如下。

```
<class 'bs4.element.NavigableString'>
```

NavigableString 字符串与 Python 中的 Unicode 字符串相同,并且还支持包含在遍历文档树和搜索文档树中的一些特性。通过 unicode()方法可以直接将 NavigableString 对象转换为 Unicode 字符串。

(3)BeautifulSoup。

BeautifulSoup 对象表示一个文档的全部内容,通常可以将其视为 Tag 对象。例如,输入以下代码,查看 BeautifulSoup 对象的名称类型、名称和属性。

```
print(type(soup.name))
#输出:< class 'str'>
print(soup.name)
#输出:[document]
print(type(soup.attrs))
#输出:< class 'dict'>
```

(4)Comment。

Comment 是一种特殊的 NavigableString,使用. comment 表示方法将会自动隐去注释内容,而要显示注释内容的文本,则可以使用. string。下面通过案例比较二者的区别,代码如下。

```
html_doc1 = """
< html >
< head >
< title >旅游指南</title ></head >
< body >
    < p class = "title"><b>重庆旅游指南</b></p>
    < p class = "food">重庆必吃的一大美食是:</p>
    < p class = "food1"> < a href = "http://example.com/hg" class = "ms" id = "hg"><!-- 火锅 -->
</a >,欢迎您来重庆旅游!</p>
"""
from bs4 import BeautifulSoup
soup = BeautifulSoup(html_doc1,'xml')
print(soup.a)
print(soup.a.comment)
print(soup.a.string)
```

在第 1 条输出语句中,print(soup.a)的输出结果如下。

```
< a class = "ms" href = "http://example.com/hg" id = "hg"><!-- 火锅 --></a >
```

在第 2 条输出语句中,print(soup.a.comment)中的. comment 将注释内容<! --火锅-->隐去,则输出结果如下。

```
Null
```

在第 3 条输出语句中,print(soup.a.string)可以显示出<! --火锅-->这一注释中的文字内容,则输出结果如下。

```
火锅
```

4.4.3　遍历文档树

1. 子结点

要描述标签的子结点，可以用 Tag 的.contents 属性将子结点以列表的形式输出。例如：

```
print(soup.body.contents)
print(soup.body.contents[3])
```

第 1 条 print()语句输出了 body 标签中的所有内容，第 2 条输出了 body 标签的第 3 个元素。需要特别注意的是，.contents 输出的列表是从 0 开始编号的，空格也会被当作其中的元素。

除了.contents 外，.children 也可以遍历所有子结点。例如：

```
print(type(soup.body.children))
```

此时可以看到与.contents 相同的输出结果，接着执行以下代码。

```
print(type(soup.body.children))
```

输出结果如下。

```
<class 'list_iterator'>
```

该结果表明.children 可以生成列表迭代器，此时可以通过循环来获取其中的元素。

```
for child in soup.body.children:
    print(child)
```

输出结果如下。

```
<p class = "title"><b>重庆旅游指南</b></p>
<p class = "food">重庆必吃的十大美食是：
    <a class = "ms" href = "http://example.com/hg" id = "hg">火锅</a>、
    <a class = "ms" href = "http://example.com/slf" id = "slf">酸辣粉</a>、
    <a class = "ms" href = "http://example.com/xm" id = "xm">小面</a>、
    <a class = "ms" href = "http://example.com/ty" id = "xty">小汤圆</a>、
    <a class = "ms" href = "http://example.com/mxw" id = "mxw">毛血旺</a>、
    <a class = "ms" href = "http://example.com/knh" id = "knh">烤脑花</a>、
    <a class = "ms" href = "http://example.com/dh" id = "dh">豆花</a>、
    <a class = "ms" href = "http://example.com/lzj" id = "lzj">辣子鸡</a>、
    <a class = "ms" href = "http://example.com/cs" id = "cs">抄手</a>、
    <a class = "ms" href = "http://example.com/cmh" id = "cmh">陈麻花</a>
    欢迎您来重庆旅游!</p>
<p class = "spot">...</p>
```

2. 子孙结点

.contents 和.children 属性仅包含标签的直接子结点，.descendants 属性可以对所有标签的子孙结点进行递归循环。.descendants 的使用方法与 children 类似，这里不再赘述。

3. 结点内容

根据. string 的使用方法，. string 可以提取结点字符串，但要注意的是，如果 Tag 内不含有其他标签的子结点，则可以使用. string 得到文本；如果 Tag 包含了多个子结点，则无法确定应该调用哪个子结点的内容，从而使得获取文本失败。此时，可以选择用 text 的方法来获取文本。例如：

```
print(soup. string)
```

输出结果如下。

```
Null
```

对代码进行修改：

```
print(soup.text)
```

此时可以成功输出结点下的所有文本。

另外，用 for 循环也可以解决. string 的问题，代码如下。

```
for string in soup.strings:
    print(string)
```

输出的字符串中可能包含了很多空格或空行，使用. stripped_strings 可以去除多余空白内容。例如，for 循环将去掉空格或空行的文本输出，代码如下。

```
for string in soup. stripped_strings:
    print(string)
```

4. 父结点

继续分析文档树，每个 Tag 或字符串都有父结点，可以用. parent 进行描述。例如：

```
print(soup.title)
print(soup.title.parent)
```

第 1 行的输出结果如下。

```
<title>旅游指南</title>
```

第 2 行使用 title. parent 输出 title 及其父结点，输出结果如下。

```
<head><title>旅游指南</title></head>
```

5. 兄弟结点

兄弟结点在同一层，它们使用相同的缩进级别。在文档树中，可以使用. next_sibling 和 . previous_sibling 来查询兄弟结点。例如：

```
from bs4 import BeautifulSoup
sibling_soup = BeautifulSoup("<a><b> text1 </b><c> text2 </c></b></a>")
print(sibling_soup.prettify())
```

所查看到的文档结构如下。

```
< html >
 < body >
  < a >
    < b >
     text1
    </b>
    < c >
     text2
    </c>
   </a>
  </body>
</html>
```

由于< b >和< c >是兄弟结点，因此可以使用 print(soup. b. next_sibling)来获取< c >结点的内容，也可以使用 print(soup. c. previous_sibling)来获取< b >结点的内容。

除此之外，通过 next_siblings 和 previous_siblings 属性可以对当前结点的兄弟结点进行迭代输出。. next_element 和 . previous_element 与 next_siblings 可以指向解析过程中的下一个被解析的对象，一般是字符串或 tag。

4.4.4 搜索文档树

网页中的有用信息都存在于网页的文本或各种不同标签的属性值中，为了能获得这些有用的网页信息，可以通过一些查找方法获取文本或者标签属性。Beautiful Soup 库内置了一些查找方法，其中最常用的两个方法如下。

（1）find()方法：用于查找符合查询条件的第一个标签结点。

（2）find_all()方法：查找所有符合查询条件的标签结点，并返回一个列表。

这两个方法用到的参数是一样的，这里以 find_all()方法为例，介绍该方法中的参数应用。

find_all()方法的定义如下。

```
find_all (self,name,attrs,recursive,text,limit, ** kwargs)
```

上述方法中的一些重要参数及其表示的含义如下。

1. name 参数

查找所有名字为 name 的标签，字符串会被自动忽略。下面是 name 参数的几种情况。

（1）传入字符串：在搜索的方法中传入一个字符串参数，BeautifulSoup 对象会查找与字符串匹配的内容。

例如，在"旅游指南"的文档中，输入以下代码。

```
print(soup.find('a'))
print(soup.find_all('a'))
```

第 1 行的 print()输出第一个< a >标签，第 2 行的 print()输出所有的< a >标签。

（2）传入正则表达式：如果传入一个正则表达式，那么 BeautifulSoup 对象会通过 re 模块的 match()函数进行匹配。

例如,使用正则表达式"b"匹配所有包含字母 b 的标签。

```
for tag in soup.find_all(re.compile("b")):
    print(tag.name)
```

输出结果如下。

```
body
b
```

(3) 传入列表:如果传入一个列表,那么 BeautifulSoup 对象会将与列表中任一元素匹配的内容返回。

2. attrs 参数

在 attrs 参数中,可以使用 tag 的属性进行搜索。如果指定的某个属性不是搜索方法中内置的参数名,那么在进行搜索时,会将该参数当作指定名字 tag 的属性进行搜索。

例如,在 find-all()的方法中传入名称为 href 的参数,BeautifulSoup 对象会搜索每个标签的 href 属性。若传入多个属性值,则可以同时过滤出标签中的多个属性,从而提高搜索的精确性。

搜索带有 href 属性的标签,代码如下。

```
print(soup.find_all(href = True))
```

此时将会输出所有带有 href 属性的标签。

搜索带有 href 属性且 id 为"xm"的标签,代码如下。

```
print(soup.find_all(href = True, id = "xm"))
```

输出结果如下。

```
[< a class = "ms" href = "http://example.com/xm" id = "xm">小面</a>]
```

3. text 参数

通过在 find-all()方法中传入 text 参数,可以搜索文档中的字符串内容。与 name 参数的可选值一样,text 参数也可以是字符串、正则表达式和列表等。

4. limit 参数

find-all()方法返回的是全部的搜索结果,如果文档数非常大,那么搜索的速度会特别慢。如果不需要获得所有的结果,那么可以使用 limit 参数来限制返回结果的数量。当搜索结果的数量达到 limit 的限制时,就自动停止搜索返回结果。例如,限制搜索到 2 个< a >标签就停止,可以使用 soup.find_all("a", limit=2)。

5. recursive 参数

调用 tag 的 find_all()方法时,Beautiful Soup 会检索当前 tag 的所有子孙结点,如果只想搜索 Tag 的直接子结点,可以使用参数 recursive=False。

find_all()在 Beautiful Soup 中是用得非常多的搜索方法,因此为了方便而采用简写方法。例如，soup. find_all("a")可以简写为 soup("a")，soup. title. find_all(string＝True)可以简写为 soup. title (string＝True)。

4.4.5　应用案例

实现效果：计划分析抓取重庆的所有景点信息，需要在携程网上抓取前 10 页重庆景点信息，景点信息包括景点名称、景点地址、景点热度、点评分数和点评数量。

准备工作：

（1）打开携程网站，查找登录携程网站，爬取重庆的所有景点信息。目标 URL 地址 https://you. ctrip. com/sight/chongqing158/s0-p2. html♯sightname。

（2）在开发工具中查看需要抓取的各页面标签的信息。

① 景点名称的标签信息：＜a target＝"_blank" href＝"https://you. ctrip. com/sight/chongqing158/102734194. html" title＝"重庆云端之眼观景台">重庆云端之眼观景台</a＞。

② 点评分数的标签信息：＜a class＝"score" href＝"https://you. ctrip. com/sight/chongqing158/102734194. html">＜strong＞4.3</strong＞ 分</a＞。

③ 点评数量的标签信息：＜a rel＝"nofollow" target＝"_blank" href＝"https://you. ctrip. com/sight/chongqing158/102734194. html♯comment" class＝"recomment">（439 条点评)</a＞。

④ 景点地址的标签信息：＜dd class＝"ellipsis">重庆市渝中区新华路 201 号联合国际写字楼 67 楼</dd＞。

⑤ 景点热度的标签信息：＜b class＝"hot_score_link">热度</b＞。

做好以上准备工作后，编写代码如下。

```python
import requests
import time
from bs4 import BeautifulSoup
if __name__ == '__main__':
    ♯通过观察网页,生成景点信息前 10 页网址
    headers = {'user - agent': 'Mozilla/5.0 (Windows NT 10.0; Win64; x64) AppleWebKit/537.36
(KHTML, like Gecko) Chrome/101.0.4951.54 Safari/537.36'}
    url_list = []
    for x in range(1,11):
        url = 'https://you. ctrip. com/sight/chongqing158/s0 - p{0}. html♯sightname'.format(x)
        url_list.append(url)
    ♯开始爬取景点信息
    i = 1
    for base_url in     url_list:
        print('======== 开始爬取第{0}页信息,共计 10 个景点 ======== '.format(i))
        ♯添加 2s 延时
        time.sleep(2)
        res = requests.get(base_url, headers = headers)
        res.encoding = res. apparent_encoding
    ♯用 lxml 进行解析
        soup = BeautifulSoup(res.text, 'lxml')
        res = soup.find_all(class_ = 'list_mod2')
        for x in res:
```

```
        #景点名称
        res1 = x.find_all('a')
        #地址
        res2 = x.find_all(class_ = 'ellipsis')
        #热度
        res3 = x.find_all(class_ = 'hot_score_number')
        #点评分数
        res4 = x.find_all(class_ = 'score')
        #点评数量
        res5 = x.find_all(class_ = 'recomment')
        #显示信息
        print('- ' * 30)
        #用 string 读取字符串,并且用 strip()去除字符串两边的空格
        print('景点名称:',res1[1].string.strip())
        print('景点地址:',res2[0].string.strip())
        print('景点热度:',res3[0].string.strip())
        print('景点评分:',res4[0].find_all('strong')[0].string.strip())
        print('景点点评数:',res5[0].string.strip())
    print('======== 第{0}页信息,爬取完成 ======== '.format(i))
    i = i + 1
print('======== 景点信息前 10 页信息,爬取完成 ======== '.format(i))
```

部分输出结果如图 4-10 所示。

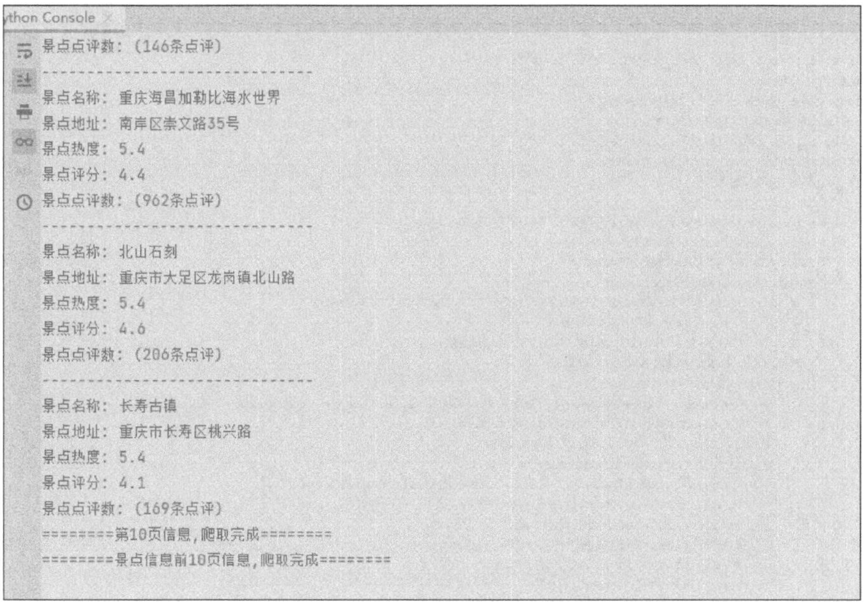

图 4-10 Beautiful Soup 部分输出结果

4.5 综合爬取案例

案例名称:爬取景点点评。

实现效果:访问携程网上的重庆欢乐谷景点,输出前 10 页点评的具体信息,点评信息包括用户名、点评内容、点评分数、点评时间和 IP 属地。

目标 URL 地址：https://you.ctrip.com/sight/chongqing158/2486251.html。
目标页面如图 4-11 所示。

图 4-11　目标网页预览图

网页源代码如图 4-12 所示。

图 4-12　网页源代码

接下来用正则表达式、XPath 和 Beautiful Soup 分别实现本案例目标。

1. 爬取景点点评之正则表达式

使用正则表达式进行爬取的实现代码如下。

```
import time
from selenium import webdriver
from selenium.webdriver import ActionChains
from selenium.webdriver.common.by import By
import re
base_url = r'https://you.ctrip.com/sight/chongqing158/2486251.html'
#打开浏览器处理
browser = webdriver.Firefox()
browser.get(base_url)
print("正在获取数据……请稍等……")
time.sleep(4)
#循环获取10页评价
for x in range(10):
    print("第{0}页数据加载中,请稍等...".format(x + 1))
    time.sleep(3)
    print('-------- 正在获取第{0}页数据 --------'.format(x + 1))
    url1 = browser.current_url
    res = browser.page_source
    #用户名
    obj1 = re.compile(r'<div class="userName">(?P<t1>.*?)</div>', re.S)
    result1 = obj1.finditer(res)
    #点评内容
    obj2 = re.compile(r'<div class="commentDetail">(?P<t2>.*?)</div>', re.S)
    result2 = obj2.finditer(res)
    #点评分数
    obj3 = re.compile(r'<span class="averageScore"><img class="scoreIcon" src=
"https://pages.c-ctrip.com/you/livestream/gs-dianping-score-\d.png" alt="">(?P<t3>.
*?)<!-- -->分<!-- -->', re.S)
    result3 = obj3.finditer(res)
    #点评时间
    #IP属地
    obj4 = re.compile(r'<div class="commentTime">(?P<t4>.*?)<span class="ipContent">
IP属地:<!-- -->(?P<t5>.*?)</span></div>', re.S)
    result4 = obj4.finditer(res)
    l1 = []
    l2 = []
    l3 = []
    l4 = []
    l5 = []
    #将抓取的信息存入列表
    for it in result1:
        l1.append(it.group("t1"))
    for it in result2:
        l2.append(it.group("t2"))
    for it in result3:
        l3.append(it.group("t3"))
    for it in result4:
        l4.append(it.group("t4"))
        l5.append(it.group("t5"))
    #显示获取的信息
```

```
    for y in range(0, len(l1)):
        print('用户名:',l1[y],'评价时间:',l4[y],'IP 归属地:',l5[y],'评分:',l3[y],'分','评语:
',l2[y])
    ♯换页操作
    ♯获取底部下一页
    canzhao = browser.find_elements(By.CLASS_NAME, 'seotitle1')
    nextpage = browser.find_elements(By.CLASS_NAME,'ant-pagination-item-comment')
    time.sleep(2)
    ♯移动到元素 element 对象的"顶端",与当前窗口的"D 底部"对齐
    browser.execute_script("arguments[0].scrollIntoView(false);", canzhao[0])
    time.sleep(2)
    ♯鼠标移至下一页
    ActionChains(browser).move_to_element(nextpage[1]).perform()
    time.sleep(2)
    ♯鼠标单击下一页
    nextpage[1].click()
    time.sleep(4)
    print('-------- 获取第{0}页数据完成 -------- '.format(x + 1))
♯数据爬取完成,关闭浏览器
print('-------- 获取数据完成 -------- ')
time.sleep(4)
browser.close()
```

部分输出结果如下。

```
-------- 正在获取第 6 页数据 --------
用户名:M24 **** 0984 评价时间:2023-03-05 IP 归属地:重庆 评分:3 分 评语:节假日去人超
多,建议避开节假日,我们一个项目排队就排了两个小时,光排队能累死,排队两小时游玩 3 分钟.工
作人员的态度还可以,很辛苦.非常适合小朋友.
用户名:木下孝浩 评价时间:2023-02-02 IP 归属地:重庆 评分:5 分 评语:游玩项目都开放了,
体验感可以,就是在高峰期人流量较大,排队较久.
用户名:M37 **** 2760 评价时间:2023-02-19 IP 归属地:重庆 评分:4 分 评语:跨年这天人非
常多,还是很热闹,就是下雨了.平时欢乐谷都是 200 块钱一个人,这次跨年活动 99 一个人,相当于五
折了,非常不错,希望明年别下雨了.
用户名:G7766 评价时间:2023-01-30 IP 归属地:湖南 评分:5 分 评语:多次入园,非常好玩!还
会再去!!大人小孩都有适合的项目!!!
用户名:G7766 评价时间:2023-01-30 IP 归属地:湖南 评分:5 分 评语:多次入园,非常好玩!还
会再去!!大人小孩都有适合的项目!!!
用户名:旅行家牛墩墩 评价时间:2022-11-10 IP 归属地:山东 评分:5 分 评语:重庆欢乐谷,位
于重庆市两江新区礼嘉镇金渝大道 29 号,于 2014 年落户重庆,2017 年 7 月 8 日建成开园.作为全新
打造的复合型、生态型和创新型主题乐园,不仅是欢乐版图的第七站,更是全国第一座山地版欢
乐谷.
用户名:_WeCh **** 859517 评价时间:2023-02-27 IP 归属地:重庆 评分:5 分 评语:周一来没
什么人,推荐
但最大的过山车和摩天轮没开,检修
用户名:2020-11.11 评价时间:2023-02-24 IP 归属地:北京 评分:5 分 评语:就是去的时候没
玩上一飞冲天,其他的挺好的,很好玩
用户名:可可酱-_- 评价时间:2023-02-21 IP 归属地:北京 评分:5 分 评语:
用户名:额外奖励 评价时间:2023-02-04 IP 归属地:江苏 评分:4 分 评语:连锁的游乐场,其实
东西都差不多,但要填补空白?
```

2. 采取景点点评之 XPath 方式

使用 XPath 进行爬取的实现代码如下。

```
import time
from selenium import webdriver
from selenium.webdriver import ActionChains
from selenium.webdriver.common.by import By
from lxml import etree
base_url = r'https://you.ctrip.com/sight/chongqing158/2486251.html'
#打开浏览器处理
browser = webdriver.Firefox()
browser.get(base_url)
print("正在获取数据……请稍等……")
time.sleep(4)
#循环获取10页评价
for x in range(10):
    print("第{0}页数据加载中,请稍等...".format(x + 1))
    time.sleep(5)
    print('-------- 正在获取第{0}页数据 --------'.format(x + 1))
    url1 = browser.current_url
    res = browser.page_source
    html = etree.HTML(res)
    #评价用户名
    result1 = html.xpath('/html/body/div[2]/div[2]/div/div[3]/div/div[4]/div[1]/div[4]/
div/div[5]/div/div[1]/div[2]/text()')
    #评分
    result2 = html.xpath('/html/body/div[2]/div[2]/div/div[3]/div/div[4]/div[1]/div[4]/
div/div[5]/div/div[2]/div[1]/span/text()')
    #评价语
    result3 = html.xpath('/html/body/div[2]/div[2]/div/div[3]/div/div[4]/div[1]/div[4]/
div/div[5]/div/div[2]/div[2]/text()')
    #评价图片(当图片变化时,评价时间和评价IP归属地XPath有变化,需要单独处理)
    l1 = []
    l2 = []
    l3 = []
    for y in range(1, 11):
        #评价图片
        result4 = html.xpath('/html/body/div[2]/div[2]/div/div[3]/div/div[4]/div[1]/div
[4]/div/div[5]/div[{0}]/div[2]/div[3]/a/@href'.format(y))
        if len(result4) == 0:
            #评价时间
            result5 = html.xpath('/html/body/div[2]/div[2]/div/div[3]/div/div[4]/div[1]/
div[4]/div/div[5]/div[{0}]/div[2]/div[3]/div[1]/text()'.format(y))
            #评价IP归属地
            result6 = html.xpath('/html/body/div[2]/div[2]/div/div[3]/div/div[4]/div[1]/
div[4]/div/div[5]/div[{0}]/div[2]/div[3]/div[1]/span/text()'.format(y))
            l2.append(result5[0])
            l3.append(result6[0])
            l3.append(result6[1])
        else:
            l1.append(result4)
            #评价时间及IP归属地
            result5 = html.xpath('/html/body/div[2]/div[2]/div/div[3]/div/div[4]/div[1]/
div[4]/div/div[5]/div[{0}]/div[2]/div[4]/div[1]/text()'.format(y))
            result6 = html.xpath('/html/body/div[2]/div[2]/div/div[3]/div/div[4]/div[1]/
div[4]/div/div[5]/div[{0}]/div[2]/div[4]/div[1]/span/text()'.format(y))
```

```
            l2.append(result5[0])
            l3.append(result6[0])
            l3.append(result6[1])
        for y in range(0, len(result1)):
            print('用户名:', result1[y], '评价时间:', l2[y], 'IP归属地:', l3[2 * y + 1], '评分:',
result2[3 * y] + '分', '评语:', result3[y])
        #换页操作
        #获取底部下一页
        canzhao = browser.find_elements(By.CLASS_NAME, 'seotitle1')
        nextpage = browser.find_elements(By.CLASS_NAME, 'ant - pagination - item - comment')
        time.sleep(2)
        #移动到元素element对象的"顶端",与当前窗口的"D底部"对齐
        browser.execute_script("arguments[0].scrollIntoView(false);", canzhao[0])
        time.sleep(2)
        #鼠标移至下一页
        ActionChains(browser).move_to_element(nextpage[1]).perform()
        time.sleep(2)
        #鼠标单击下一页
        nextpage[1].click()
        time.sleep(4)
        print('--------- 获取第{0}页数据完成 --------- '.format(x + 1))
#数据爬取完成,关闭浏览器
print('--------- 获取数据完成 --------- ')
time.sleep(4)
browser.close()
```

部分输出结果如下。

```
第 10 页数据加载中,请稍等……
--------- 正在获取第 10 页数据 ---------
用户名:M51****2033 评价时间:2023 - 03 - 11 IP归属地:湖南 评分:5 分 评语:～～～～～～
用户名:_WeCh****132693 评价时间:2023 - 02 - 21 IP归属地:贵州 评分:5 分 评语:可以加油
用户名:_WeCh****132693 评价时间:2023 - 02 - 21 IP归属地:贵州 评分:5 分 评语:可以可以可以
可以
用户名:M22****1122 评价时间:2023 - 02 - 12 IP归属地:重庆 评分:5 分 评语:完美完美完美
用户名:M12***893 评价时间:2023 - 02 - 09 IP归属地:重庆 评分:5 分 评语:值得推荐一下
用户名:M49****0874 评价时间:2023 - 02 - 04 IP归属地:广西 评分:5 分 评语:过山车很刺激
用户名:186****2067 评价时间:2023 - 02 - 01 IP归属地:重庆 评分:5 分 评语:孩子玩得开心
用户名:陈萧萧??? 评价时间:2023 - 02 - 18 IP归属地:重庆 评分:5 分 评语:好好好好好
用户名:186****3835 评价时间:2023 - 02 - 05 IP归属地:重庆 评分:5 分 评语:游玩项目多
用户名:重庆路漫漫 评价时间:2023 - 02 - 03 IP归属地:重庆 评分:5 分 评语:5 星好评!
--------- 获取第 10 页数据完成 ---------
--------- 获取数据完成 ---------
```

3. 采取景点点评之 Beautiful Soup 方式

使用 Beautiful Soup 进行爬取的实现代码如下。

```
import time
from selenium import webdriver
from selenium.webdriver import ActionChains
from selenium.webdriver.common.by import By
from bs4 import BeautifulSoup
```

```
base_url = r'https://you.ctrip.com/sight/chongqing158/2486251.html'
# 打开浏览器处理
browser = webdriver.Firefox()
browser.get(base_url)
print("正在获取数据……请稍等……")
time.sleep(2)
# 循环获取10页评价
for x in range(10):
    print("第{0}页数据加载中,请稍等……".format(x + 1))
    time.sleep(5)
    print('-------- 正在获取第{0}页数据 -------- '.format(x + 1))
    url1 = browser.current_url
    res = browser.page_source
    soup = BeautifulSoup(res, 'lxml')
    res = soup.find_all(class_ = 'commentItem')
    # print(len(res))
    for x in res:
        # 用户名
        result1 = x.find_all(class_ = 'userName')
        # 评分
        result2 = x.find_all(class_ = 'averageScore')
        # 评语
        result3 = x.find_all(class_ = 'commentDetail')
        # 点评时间
        l2 = x.find_all(class_ = 'commentTime')
        # IP 属地
        l3 = x.find_all(class_ = 'ipContent')
        print('用户名:', result1[0].string, '评价时间:',l2[0].text[0:10], l3[0].text, '评
分:',result2[0].text[0:3] , '评语:',result3[0].string)
    # 换页操作
    # 获取底部下一页
    canzhao = browser.find_elements(By.CLASS_NAME, 'seotitle1')
    nextpage = browser.find_elements(By.CLASS_NAME, 'ant - pagination - item - comment')
    time.sleep(2)
    # 移动到元素 element 对象的"顶端",与当前窗口的"D 底部"对齐
    browser.execute_script("arguments[0].scrollIntoView(false);", canzhao[0])
    time.sleep(2)
    # 鼠标移至下一页
    ActionChains(browser).move_to_element(nextpage[1]).perform()
    time.sleep(2)
    # 鼠标单击下一页
    nextpage[1].click()
    time.sleep(4)
# 数据爬取完成,关闭浏览器
print('-------- 获取数据完成 -------- ')
time.sleep(4)
browser.close()
```

部分输出结果如下。

```
第5页数据加载中,请稍等...
-------- 正在获取第5页数据 --------
```

用户名：300＊＊＊＊126 评价时间：2023－03－12 IP属地:浙江 评分：5分　　　评语：重庆欢乐谷是个难得有乐趣的地方

用户名：先生888 评价时间：2023－03－08 IP属地:山西 评分：5分　　　评语：很有意思,值得一去.下次还去.

用户名：潮格捕快 评价时间：2023－01－24 IP属地:内蒙古 评分：5分　　　评语：景色很美,也很好玩,性价比高.

用户名：夏叻夏天 评价时间：2023－03－06 IP属地:辽宁 评分：5分　　　评语：孩子玩得很开心,门口主题酒店值得入住,门票购买方便,刷二维码直接进场

用户名：neungga 评价时间：2023－02－20 IP属地:重庆 评分：4分　　　评语：2月19日,重庆之眼未开放,检票时会说明,当时还犹豫了一会儿,最后还是决定进去玩.还有一个项目飞椅挺高的那个也没有开放.剩下的项目几乎全玩了一遍.其中飞翼过山车项目和50米跳楼机最刺激.

用户名：无限艳阳 评价时间：2022－12－27 IP属地:江苏 评分：5分　　　评语：重庆欢乐谷主题公园占地约50万平方米,依山而建,是全国首座山地版欢乐谷.园区分为欢乐时光、超级飞侠训练营、飓风湾、恐龙森林、老重庆、河谷...

用户名：那一片明媚 评价时间：2023－03－02 IP属地:重庆 评分：5分　　　评语：玩得很开心,特别是那个木质过山车,嗨爆了.

用户名：M31＊＊＊＊5351 评价时间：2023－01－17 IP属地:贵州 评分：5分　　　评语：很开心哦人少的时候,不用排队 和朋友夏天去玩,游乐场内有喷雾的装置 有的区域很凉快,有一个了解重庆的几d娱乐项目去了,很震撼

用户名：最佳拍档555 评价时间：2022－09－30 IP属地:重庆 评分：5分　　　评语：重庆欢乐谷位于重庆市两江新区礼嘉镇金渝大道29号,于2014年落户重庆,2017年7月8日建成开园.作为全新打造的复合型、生态型和创新型主题乐园,不仅是欢乐版图的第七站,更是全国第一座山地版欢乐谷.

用户名：快乐是永远 评价时间：2022－12－26 IP属地:河北 评分：5分　　　评语：重庆欢乐谷没有上海的欢乐谷大,带上你家的神兽去潇洒潇洒.

## 第5章

数 据 存 取

数据存储是数据分析中非常重要的一环。在第 4 章爬取的数据仅仅是显示在程序的输出结果中,这样很不利于后期的数据分析和可视化。为此在爬取数据后,还需要对数据进行存储。常用的数据存储有文件和数据库两种方式,文件存储的格式有 TXT、CSV、XLSX 等,数据库存储有关系型数据库和非关系型数据库两类。

5.1　JSON

在当今 Web 3.0 时代,以 JavaScript 与 XML 为代表的结合 JavaScript、CSS、HTML 等网页开发技术,仍然占据主流地位。

5.1.1　JSON 概述

1. JSON 的概念

JSON 的全称为 JavaScript Object Notation,即 JavaScript 对象标记。JSON 通过对象和数组的组合表示数据,是一种轻量级的数据交换格式。

JSON 示例代码如下。

```
{
    "sites": [
        { "name":"重庆美食" , "url":"www.link1.com" },
        { "name":"重庆美景" , "url":"www.link2.com" },
        { "name":"重庆好玩" , "url":"www.link3.com" }
    ]
}
```

XML 示例代码如下。

```
< sites >
  < site >
    < name >重庆美食</ name > < url > www.link1.com </ url >
  </ site >
  < site >
    < name >重庆美景</ name > < url > www.link2.com </ url >
  </ site >
```

```
< site >
  < name >重庆好玩</name > < url > www.link3.com </url >
</site >
</sites >
```

通过以上两个示例的比较可以发现,JSON 是比 XML 更简单的一种数据交换格式,它采用独立于编程语言的文本格式来存储和表示数据。JSON 的语法规则如下。

(1) 使用键值对(key:value)表示对象属性和值。JSON 的值有多种类型,如数字(整数或浮点数)、字符串(在双引号中)、逻辑值(true 或 false)、数组(在方括号中)、对象(在花括号中)和空(null)。

(2) 使用逗号“(,)”分隔多条数据。

(3) 使用花括号“{}”包含对象。

(4) 使用方括号“[]”表示数组。

2. JSON 与 XML 比较

JSON 和 XML 都是文本格式语言,均普遍用于数据交换和网络传输,它们的区别有以下几个方面。

(1) 可扩展性。

二者都有很好的扩展性,但 JSON 与 JavaScript 语言的结合更紧密,在 JavaScript 语言编写的网页中使用 JSON 更为合适。

(2) 可读性。

二者的可读性都很好,JSON 的特点是简洁的语法,XML 则是规范的标签形式。

(3) 编码难度。

XML 诞生时间相对 JSON 而言要早一些,因此处理 XML 语言的编码工具更丰富。但是在相同结果下,XML 文档需要的字符量更多。

(4) 解码难度。

JSON 和 XML 都是可扩展性的结构,如果不知道文档结构,则解析文档会非常不方便。因此,两者都需要知道文档结构后才能进行解析。对于一般网页结构,可以通过 F12 键在开发者模式中进行直接观察,并由此作出判断。

(5) 有效数据率。

由于省去了大量的标签,因此 JSON 的有效数据率比 XML 高很多。

5.1.2 用 JSON 库存取 JSON 文件

JSON 库是 Python 中用于编码、解码 JSON 格式的标准库模块,主要用于将 Python 对象编码为 JSON 格式输出或存储,以及将 JSON 格式对象解码为 Python 对象。

JSON 库提供了 4 种函数:json. dump()、json. load()、json. dumps()、json. loads()。json. loads()可以将字符串转换为 Python 的数据结构,变成列表或字典。json. dumps()则相反,将 Python 类型的列表或字典转换为 JSON 字符串。json. load()可以传入一个 JSON 格式的文件流,并将其解码为 Python 对象。json. dump()函数用于将 Python 类型的数据以 JSON 格式存储到文件中。

1. 存取 JSON 数据

在存取 JSON 数据时，用 json.dumps()和 json.loads()来实现 JSON 字符串和 Python
数据类型的互转。例如：

```python
import json
data = '''
[{ "美食":"火锅",
    "价格":"100",
    "城市":"重庆"
},
{    "美食":"小面",
    "价格":"10",
    "城市":"重庆"
}]
'''
print(data)                                    # 输出 data
print(type(data))                              # 输出 data 的类型
py_data = json.loads(data)                     # 将 JSON 类型的数据转换为 Python 类型的数据
print(py_data)                                 # 输出 py_data 数据
print(type(py_data))                           # 输出 py_data 的类型
js_str = json.dumps(py_data,ensure_ascii = False) # 将 Python 类型的数据转换为 JSON 字符串
print(js_str)                                  # 输出转换后的 JSON 数据
print(type(js_str))                            # 输出转换后的 JSON 类型
```

输出结果如下。

```
[{ "美食":"火锅",
    "价格":"100",
    "城市":"重庆"
},
{    "美食":"小面",
    "价格":"10",
    "城市":"重庆"
}]
< class 'str'>
[{'美食':'火锅', '价格':'100', '城市':'重庆'}, {'美食':'小面', '价格':'10', '城市':'重庆'}]
< class 'list'>
[{"美食":"火锅", "价格":"100", "城市":"重庆"}, {"美食":"小面", "价格":"10", "城市":
"重庆"}]
< class 'str'>
```

在以上代码中，使用 json.dumps 将 Python 类型的数据转换为 JSON 字符串时，添加了
参数 ensure_ascii＝False。如果不添加 ensure_ascii 参数，默认输出为 ASCII 编码，而本例
中的中文字符是无法正常输出的，因此将参数设置为 False 才能正常输出中文字符。

2. 存取 JSON 文件

在存取 JSON 文件时，用 json.dump()和 json.load()来实现 JSON 文件和 Python 数据
类型的互转。例如：

```python
import json
data = '''
```

```
[{ "美食": "火锅",
    "价格": "100",
    "城市": "重庆"
},
{    "美食": "小面",
    "价格": "10",
    "城市": "重庆"
}]
'''
with open("jd_json.json",'w',encoding = 'utf - 8') as f:
    json.dump(data,f,ensure_ascii = False)
with open("jd_json.json",'r',encoding = 'utf - 8') as f:
    data_p = json.load(f)
    print(data_p)
```

程序执行结束后,会在当前目录生成一个jd_json.json文件并输出文件内容,输出结果如下。

```
[{ "美食": "火锅",
    "价格": "100",
    "城市": "重庆"
},
{    "美食": "小面",
    "价格": "10",
    "城市": "重庆"
}]
```

注意：文件操作也存在编码问题,encoding＝'utf-8'可以避免中文不被正常显示。

5.1.3　用 Pandas 库存取 JSON 文件

Pandas 是 Python 中常用的第三方库,它在数据分析领域中占据重要的地位。除此之外,Pandas 也可以很方便地处理 JSON 文件。

安装 Pandas 库的方法有命令行方法和菜单方法两种,在 Windows 命令行中输入 pip install pandas 即可成功安装 Pandas 库。要使用 Pandas 库,需要在程序前输入 import pandas as pd,这里的 pd 是对 Pandas 库的简写,方便编写时调用。

接下来介绍 Pandas 库对 JSON 文件的常用存取方法。

1. 写入文件

写入文件使用 to_json()语句,在转换格式时,如果出现中文乱码,则添加参数 force_ascii＝False 即可解决编码问题。例如：

```
# 导入 Pandas 库
import pandas as pd
# 定义数据
data = [{"美食": "火锅","价格": "100","城市": "重庆"}, {"美食": "小面","价格": "10","城市": "重庆"}]
# 转为 Pandas 数据框
```

```
import pandas as pd
frame = pd.DataFrame(data)
print(frame)
frame.to_json('frame.json',force_ascii = False)
```

程序执行后,会在当前目录生成一个 frame.json 文件,用记事本打开,内容如下。

```
{"美食":{"0":"火锅","1":"小面"},"价格":{"0":"100","1":"10"},"城市":{"0":"重庆","1":"重
庆"}}
```

2. 读取文件

读取文件使用 to_json()函数,将待读取文件名传入参数即可。例如:

```
import pandas as pd
frame = pd.read_json('frame.json')
print(frame)
```

输出结果如下。

```
   美食　价格　城市
0  火锅　100　重庆
1  小面　 10　重庆
```

5.2　CSV 存取

CSV(Comma-Separated Values,逗号分隔值),即字符分隔值。CSV 文件以纯文本(字符序列)的形式存储数据。CSV 文件由多条记录组成,记录之间以换行符分隔,每条记录由字段组成,字段之间的分隔符可以是逗号或制表符等其他字符。CSV 文件的扩展名是.csv,可以使用记事本或 Excel 打开。

5.2.1　用 CSV 库存取 CSV 文件

Python 内置了 CSV 库,用于对 CSV 文件进行读/写,因此不需要另外安装便可使用。要使用 CSV 库,需要在程序前输入 import csv。

CSV 库包含了处理 CSV 文件的多种方法,这里主要介绍读文件和写文件的常用对象和方法,如表 5-1 所示。

表 5-1　CSV 库的常用对象和方法

对象/方法名	描　　述	类　　型
csv. writer (csvfile, dialect = ' excel ', * * fmtparams)	返回将数据写入 CSV 文件的写入器对象	对象
csv. reader (csvfile, dialect = ' excel ', * * fmtparams)	返回一个遍历 CSV 文件各行的读取器对象	

续表

对象/方法名	描　　述	类　　型
writerows(Iterable)	一次性写入多行数据	方法
writerow(Iterable)	写入单行数据	
csv. DictWriter（f，fieldnames，restval = ""，extrasaction="raise"，dialect="excel"，* args，** kwds）	以字典的形式写入数据	
csv. DictReader（f，fieldnames = None，restkey = None，restval=None，dialect="excel"，* args，** kwds）	以字典的形式返回读取的数据	
writeheader()	写入标题行	

1. 写入数据

下面通过代码介绍用 CSV 库写入数据文件的基本操作。

（1）列表写入。

```python
# 导入 CSV 库
import csv
# 定义写文件函数
def writer():
    # 创建列表,保存标题内容
    biaoti = ["景点编号", "景点名称", "门票"]
    # 创建列表,保存数据
    data = [
        ["001", "动物园", 25],
        ["002", "濯水古镇", 50],
        ["003", "科技馆", 0]
    ]
    # 以写方式打开文件.注意添加 newline = "",否则会在两行数据之间都插入一行空白
    with open("jingdian.csv", mode = "w", encoding = "utf-8-sig", newline = "") as f:
        # 基于打开的文件,创建 csv.writer 实例
        w = csv.writer(f)
        # 写入标题,writerow() 一次只能写入一行
        w.writerow(biaoti)
        # 写入数据,writerows() 一次写入多行
        w.writerows(data)
writer()
```

以上代码首先定义了 biaoti 的列表，描述每列的标题；同时创建了 data 列表，定义了 3 行 3 列的数据，并使用"with…open…"语句创建了 jingdian. csv 文件。需要注意的是，f= open('names. csv', 'w')也可以创建一个 names. csv 文件，但是它必须要结合 f. close()一起 使用，否则后面对文件的操作会出现问题。"with…open…"语句通常不会出错，因此选用这 种方式创建文件比较可靠。参数 mode="w"表示写入文件；encoding="utf-8-sig"表示一 种编码方式，这种编码方式可以解读中文字符，未指定编码方式将会导致中文字符不显示； newline=""可以避免在两行数据之间插入一行空白。然后基于打开的文件，用 csv. writer(f) 将 f 文件定义为一个写文件实例。接着用 writerows()写入一行的标题内容，用 writerows 写入了数据。最后调用 writer()函数，执行函数的所有内容，在当前 Python 文件的所在目

录生成了一个 jingdian.csv 文件。

通过 CSV 库写入 CSV 文件,用 Excel 打开该文件,如图 5-1 所示。

	A	B	C
1	景点编号	景点名称	门票
2	1	动物园	25
3	2	濯水古镇	50
4	3	科技馆	0
5			

图 5-1　通过 CSV 库写入 CSV 文件

(2) 字典写入。

```
# 导入 CSV 库
import csv
def writer():
    # 创建列表,保存标题内容
    biaoti = ["景点编号", "景点名称", "门票"]
    data = [
        {"景点编号":"001", "景点名称":"动物园","门票":25},
        {"景点编号":"002", "景点名称":"濯水古镇", "门票":50},
        {"景点编号":"003", "景点名称":"科技馆", "门票":0}
    ]
    # 以写方式打开文件.注意添加 newline = "",否则会在两行数据之间都插入一行空白
    with open("jingdian.csv", mode = "w", encoding = "utf - 8 - sig", newline = "") as f:
        # 基于打开的文件,创建 csv.DictWriter 实例
        w = csv.DictWriter(f,biaoti)
        # 写入列标题
        w.writeheader()
        # 写入数据,writerows() 一次写入多行
        w.writerows(data)
writer()
```

以上代码定义了 biaoti 作为列名称列表,将 data 定义为数据的字典列表,再用 DictWriter()方法将 biaoti 指定为 data 中列标题,将二者进行关联后用 writeheader()写入标题。此种编写方法相对列表而言稍显烦琐,但优点在于便于初学者理解。

2. 读取数据

```
# 导入 CSV
import csv
# 以指定编码的只读方式打开 jingdian.csv
with open("jingdian.csv", "r", encoding = "utf - 8 - sig") as f:
    jingdian = csv.reader(f)
    # 逐行输出 CSV 文件内容
    for line in jingdian:
        print(line)
```

读取 CSV 文件的方法比较简单,用 with open 语句以只读的方式打开 jingdian.csv 文件,再用 csv.reader(f)将 CSV 文件转为读取器对象,通过 for 循环逐行输出 CSV 文件的所有内容。

5.2.2　用 Pandas 库存取 CSV 文件

Pandas 库也可以很方便地处理 CSV 文件,它的实现代码要比 CSV 库少很多。接下来介绍 Pandas 库对 CSV 文件的存取功能。

1. 写入数据

```
# Pandas 写入 CSV 文件
# 导入 Pandas 库并简写为 pd
import pandas as pd
# 定义 3 个列表 jdbh、jdmc、jdmp,用于存放数据
jdbh = ["001", "002", "003"]
jdmc = ["动物园", "濯水古镇", "科技馆"]
jdmp = [25, 50, 0]
# 定义字典,为每一列数据加上字段名
jingdian = {"景点编号": jdbh, "景点名称": jdmc, "门票": jdmp}
# 将 jingdian 这个字典定义为一个数据框
jd = pd.DataFrame(jingdian)
# 保存数据到 jingdian_pandas.csv 文件中
jd.to_csv('jingdian_pandas.csv', encoding = "utf - 8 - sig", index = False)
```

在以上代码中,特别要注意保存文件时需要指定编码为 utf-8-sig,否则无法显示中文内容。最终生成一个 jingdian_pandas.csv 文件,打开该文件,如图 5-2 所示。

	A	B	C	D
1		景点编号	景点名称	门票
2	0	1	动物园	25
3	1	2	濯水古镇	50
4	2	3	科技馆	0
5				

图 5-2　通过 Pandas 库写入 CSV 文件

在使用 .to_csv() 写入数据时,会自动生成索引和列名称,因此需要将参数设置为 index＝False 或 headers＝False,以避免写入索引和列名称。

2. 读取数据

```
import pandas as pd
# 打开文件
with open('jingdian_pandas.csv', 'r', encoding = "utf - 8 - sig") as f:
    # 读取文件
    data = pd.read_csv(f, encoding = "utf - 8 - sig")
print(data)
```

输出结果如下。

```
   Unnamed: 0   景点编号    景点名称    门票
0           0      1    动物园     25
1           1      2    濯水古镇    50
2           2      3    科技馆     0
```

用 Pandas 库写入文件,其特点在于增加了索引和列名称。通常可以使用 names 选项指定表头,并将存有列名的数组赋给它。以下代码为读取结果添加了列名称。

```
data_tou = pd.read_csv("jingdian_pandas.csv",names = ['1列','2列','3列'])
print(data_tou)
```

输出结果如下。

```
        1列      2列     3列
NaN   景点编号   景点名称   门票
0.0    001     动物园     25
1.0    002    濯水古镇    50
2.0    003     科技馆     0
```

若要将上述输出结果的索引"0.0,1.0,2.0"修改为所指定的索引,则需要通过参数 index_col 实现。

3. 读取部分数据

读取部分数据的方法如下。

(1) head(n)方法:用于读取前 n 行数据。如果未填写参数 n,则默认为前 5 行。此外,. read_csv()中添加参数 nrows=n 也可以读取前 n 行数据。

(2) tail(n)方法:用于读取尾部的 n 行。如果未填写参数 n,则默认返回 5 行,空行各字段的值返回 NaN。

(3) info()方法:返回表格的一些基本信息。

5.2.3 应用案例

实现效果:爬取"重庆—北京"的 12306 旅行车次信息,将其存储为 CSV 格式。

1. 直接存储文件

直接存储文件的实现代码如下。

```
# ============== 爬取部分 ===========================
import time
from selenium import webdriver
from lxml import etree
base_url = r'https://kyfw.12306.cn/otn/leftTicket/init?linktypeid = dc&fs = % E9 % 87 % 8D %
E5 % BA % 86,CQW&ts = % E5 % 8C % 97 % E4 % BA % AC,BJP&date = 2023 - 03 - 24&flag = N,N,Y'
print("正在爬取数据…… 请等待……")
options = webdriver.FirefoxOptions()
# 设置浏览器为 headless 无界面模式
options.add_argument(" -- headless")
options.add_argument(" -- disable - gpu")
# 打开浏览器处理,注意浏览器无显示
browser = webdriver.Firefox(options = options)
browser.get(base_url)
time.sleep(4)
res = browser.page_source
html = etree.HTML(res)
# 车次
result1 = html.xpath('/html/body/div[2]/div[8]/div[8]/table/tbody/tr/td[1]/div/div[1]/
div/a/text()')
# 始发站
```

```
result2 = html.xpath('/html/body/div[2]/div[8]/div[8]/table/tbody/tr/td[1]/div/div[2]/
strong[1]/text()')
#到达站
result3 = html.xpath('/html/body/div[2]/div[8]/div[8]/table/tbody/tr/td[1]/div/div[2]/
strong[2]/text()')
#出发时间
result4 = html.xpath('/html/body/div[2]/div[8]/div[8]/table/tbody/tr/td[1]/div/div[3]/
strong[1]/text()')
#到达时间
result5 = html.xpath('/html/body/div[2]/div[8]/div[8]/table/tbody/tr/td[1]/div/div[3]/
strong[2]/text()')
#历时
result6 = html.xpath('/html/body/div[2]/div[8]/div[8]/table/tbody/tr/td[1]/div/div[4]/
strong/text()')
#输出车次信息
print('---- 共计{0}个车次信息,分别是:---- '.format(len(result1)))
for x in range(0,len(result1)):
    print('车次:',result1[x],'始发站:',result2[x],'到达站:',result3[x],'出发时间:',result4
[x],'到达时间:',result5[x],'历时:',result6[x])
print('---- 爬取的车次信息,显示完成 ----')
#等待 3s,关闭浏览器
time.sleep(3)
browser.close()
# ========= CSV 存储部分 ===============
for x in range(len(result1)):
    with open('火车信息.csv','a') as f:
        f.write(result1[x] + ',')
        f.write(result2[x] + ',')
        f.write(result3[x] + ',')
        f.write(result4[x] + ',')
        f.write(result5[x] + ',')
        f.write(result6[x] + '\n')
```

运行代码,生成一个“火车信息.csv”文件,用记事本打开文件,如图 5-3 所示。

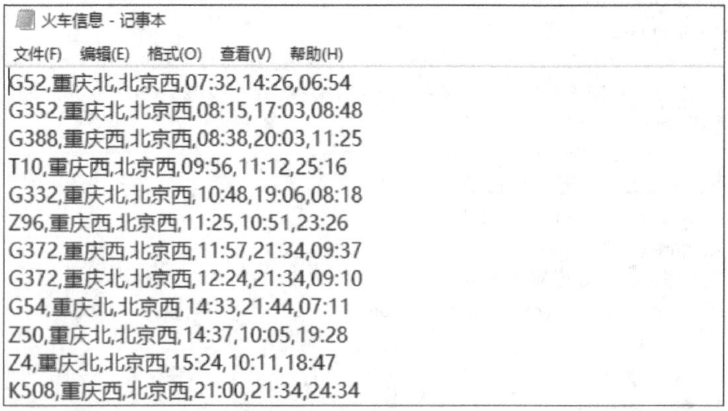
火车信息 - 记事本
文件(F) 编辑(E) 格式(O) 查看(V) 帮助(H)
G52,重庆北,北京西,07:32,14:26,06:54
G352,重庆北,北京西,08:15,17:03,08:48
G388,重庆西,北京西,08:38,20:03,11:25
T10,重庆西,北京西,09:56,11:12,25:16
G332,重庆北,北京西,10:48,19:06,08:18
Z96,重庆西,北京西,11:25,10:51,23:26
G372,重庆西,北京西,11:57,21:34,09:37
G372,重庆北,北京西,12:24,21:34,09:10
G54,重庆北,北京西,14:33,21:44,07:11
Z50,重庆北,北京西,14:37,10:05,19:28
Z4,重庆北,北京西,15:24,10:11,18:47
K508,重庆西,北京西,21:00,21:34,24:34

图 5-3 直接存储文件

2. 用 CSV 库存储文件

用 CSV 库存储文件的实现代码如下。

```
l = [result1, result2, result3, result4, result5, result6]
l = list(map(list, zip(*l)))
print(l)
biaoti = ['车次', '始发站', '终到站', '始发时间', '终到时间', '用时']
with open("火车信息_csv.csv", mode = "w", encoding = "utf-8-sig", newline = "") as f:
    w = csv.writer(f)
    # 写入标题,writerow() 一次只能写入一行
    w.writerow(biaoti)
    # 写入数据,writerows() 一次写入多行
    w.writerows(l)
```

3. 用 Pandas 库存储文件

用 Pandas 库存储文件的实现代码如下。

```
# ============== 爬取部分 ==============================
import time
from selenium import webdriver
from lxml import etree
import pandas as pd
base_url = r'https://kyfw.12306.cn/otn/leftTicket/init?linktypeid = dc&fs = %E9%87%8D%
E5%BA%86,CQW&ts = %E5%8C%97%E4%BA%AC,BJP&date = 2023-03-24&flag = N,N,Y'
print("正在爬取数据……请等待……")
options = webdriver.FirefoxOptions()
# 设置浏览器为 headless 无界面模式
options.add_argument("--headless")
options.add_argument("--disable-gpu")
# 打开浏览器处理,注意浏览器无显示
browser = webdriver.Firefox(options = options)
browser.get(base_url)
time.sleep(4)
res = browser.page_source
html = etree.HTML(res)
# 车次
result1 = html.xpath('/html/body/div[2]/div[8]/div[8]/table/tbody/tr/td[1]/div/div[1]/
div/a/text()')
# 始发站
result2 = html.xpath('/html/body/div[2]/div[8]/div[8]/table/tbody/tr/td[1]/div/div[2]/
strong[1]/text()')
# 到达站
result3 = html.xpath('/html/body/div[2]/div[8]/div[8]/table/tbody/tr/td[1]/div/div[2]/
strong[2]/text()')
# 出发时间
result4 = html.xpath('/html/body/div[2]/div[8]/div[8]/table/tbody/tr/td[1]/div/div[3]/
strong[1]/text()')
# 到达时间
result5 = html.xpath('/html/body/div[2]/div[8]/div[8]/table/tbody/tr/td[1]/div/div[3]/
strong[2]/text()')
# 历时
result6 = html.xpath('/html/body/div[2]/div[8]/div[8]/table/tbody/tr/td[1]/div/div[4]/
strong/text()')
# 输出车次信息
print('---- 共计{0}个车次信息,分别是:---- '.format(len(result1)))
```

```
for x in range(0,len(result1)):
    print('车次:',result1[x],'始发站:',result2[x],'到达站:',result3[x],'出发时间:',result4
[x],'到达时间:',result5[x],'历时:',result6[x])
print('---- 爬取的车次信息,显示完成 ---- ')
# 等待 3s,关闭浏览器
time.sleep(3)
browser.close()
# ========= CSV 存储部分 ================
df = pd.DataFrame({'车次':result1,'始发站':result2,'到达站':result3,'出发时间':result4,'到达
时间':result5,'历时':result6})
df.to_csv('火车查询信息'+ time.strftime("- % m % d- % H % M % S", time.localtime())+ '.csv',
index = False,encoding = 'utf - 8 - sig')
print('---- 爬取的车次信息,存储到 CSV 中 ---- ')
```

运行代码,自动生成一个"火车查询信息-0316-231407.csv"文件,用 Excel 打开文件,如图 5-4 所示。

	A	B	C	D	E	F	
1	车次	始发站	到达站	出发时间	到达时间	历时	
2	G52	重庆北	北京西	7:32	14:26	6:54	
3	G352	重庆北	北京西	8:15	17:03	8:48	
4	G388	重庆西	北京西	8:38	20:03	11:25	
5	T10	重庆西	北京西	9:56	11:12	25:16:00	
6	G332	重庆北	北京西	10:48	19:06	8:18	
7	Z96	重庆北	北京西	11:25	10:51	23:26	
8	G372	重庆西	北京西	11:57	21:34	9:37	
9	G372	重庆北	北京西	12:24	21:34	9:10	
10	G54	重庆北	北京西	14:33	21:44	7:11	
11	Z50	重庆北	北京西	14:37	10:05	19:28	
12	Z4	重庆北	北京西	15:24	10:11	18:47	
13	K508	重庆西	北京西	21:00	21:34	24:34:00	
14							

图 5-4   用 Pandas 库存储文件

5.3   XLSX 存取

目前,Python 中的读/写 XLSX 文件的第三方库有很多,如 xlrd、xlwt、xlutils、xlwings、Openpyxl、xlsxwriter、Pandas 等。每个库都各有特点,本节选取常用的 xlrd、xlsxwriter、Openpyxl 和 Pandas 库对 XLSX 文件进行存取。

5.3.1   用 xlrd 库存取 XLSX 文件

1. 安装与导入

安装 xlrd 库时,用命令行方式输入 pip install xlrd＝＝1.2.0,导入模块使用 import xlrd。需要注意的是,只有 1.2.0 及以上版本才支持 XLSX 文件格式,否则文件读取失败。

2. 使用方法

(1) 定义一个 XLSX 文件对象。

```
data = xlrd.open_workbook("E:\火车信息.xlsx")
```

注意：如果路径或文件名有中文,则需要在前面加一个"r"。

（2）获取工作表。

- **按索引顺序获取**：table ＝ data.sheets()[0]。
- **按工作表名称获取**：table ＝ data.sheet_by_name(sheet_name)。
- **查询工作表名称**：names ＝ data.sheet_names()。

（3）行的操作。

- **获取有效行数**：nrows ＝ table.nrows。
- **返回由该行中所有的单元格对象组成的列表**：table.row(rowx)。
- **返回由该列中所有的单元格对象组成的列表**：table.row_slice(rowx)。
- **返回由该行中所有单元格的数据类型组成的列表**：table.row_types(rowx, start_colx＝0, end_colx＝None)。
- **返回由该行中所有单元格的数据组成的列表**：table.row_values(rowx, start_colx ＝0, end_colx＝None)。
- **返回该列的有效单元格长度**：table.row_len(rowx)。

（4）列的操作。

- **获取列表的有效列数**：ncols ＝ table.ncols。
- **返回由该列中所有的单元格对象组成的列表**：table.col(colx, start_rowx＝0, end_rowx＝None)。
- **返回由该列中所有的单元格对象组成的列表**：table.col_slice(colx, start_rowx＝0, end_rowx＝None)。
- **返回由该列中所有单元格的数据类型组成的列表**：table.col_types(colx, start_rowx＝0, end_rowx＝None)。
- **返回由该列中所有单元格的数据组成的列表**：table.col_values(colx, start_rowx＝0, end_rowx＝None)。

（5）单元格的操作。

- **返回单元格对象**：table.cell(rowx,colx)。
- **返回单元格中的数据类型**：table.cell_type(rowx,colx)。
- **返回单元格中的数据**：table.cell_value(rowx,colx)。

3. 基础操作案例

对"E:\火车信息.xlsx"文件进行操作如下。

```
＃导入 xlrd 模块
import xlrd
＃定义一个 XLSX 文件对象
data = xlrd.open_workbook(r"E:\火车信息.xlsx")＃文件名和路径,如果路径或文件名有中
＃文,则需要在前面加一个"r"
＃查询工作表名称
names = data.sheet_names()
＃获取第 1 个工作表
table = data.sheet_by_index(0)
＃获取表格行数
nrows = table.nrows
```

```
print("表格一共有", nrows, "行")
#获取表格第 2 行内容
row = table.row(1)
print("表格第 2 行内容有:", row)
#获取表格列数
nclos = table.ncols
print("表格一共有", nclos, "列")
#获取表格第一列内容
col = table.col(0)
print("表格第 1 列内容有:", col)
#获取单个表格值
value = table.cell_value(1, 2)
print("第 2 行第 3 列值为", value)
```

输出结果如下。

```
表格一共有 13 行
表格第 2 行内容有:[text:'G52', text:'重庆北', text:'北京西', xldate:0.3138888888888889,
xldate:0.6013888888888889, xldate:0.28750000000000003]
表格一共有 6 列
表格第 1 列内容有:[text:'车次', text:'G52', text:'G352', text:'G388', text:'T10', text:'G332',
text:'Z96', text:'G372', text:'G372', text:'G54', text:'Z50', text:'Z4', text:'K508']
第 2 行第 3 列值为 北京西
```

5.3.2 用 xlsxwriter 库写入 XLSX 文件

xlsxwriter 库支持 XLSX 文件的写入,支持 VBA,可以实现写入图表、设置数据验证、下拉列表、条件格式等操作。在写入 XLSX 文件较大时使用内存优化模式,是常用的一种写入 Excel 文件方式。

1. 安装与导入

安装 xlsxwriter 库时,用命令行方式输入 pip install xlsxwriter,导入模块需要输入 import xlsxwriter。

2. 使用方法

(1)创建工作簿文件。

```
workbook = xlsxwriter.Workbook('旅游数据.xlsx')
```

可以创建一个名为"旅游数据.xlsx"的文件,定义工作簿变量为 workbook。

(2)创建工作表。

```
worksheet1 = workbook.add_worksheet()
```

使用 workbook.add_worksheet()可以为 workbook 工作簿对象创建工作表,定义工作表变量为 worksheet1。

(3)写入数据。

① 第 1 种方法:按单元格添加。

```
worksheet1.write(A1, '景点编号')
```

用. write()为 A1 单元格录入数据"景点编号"。

② 第 2 种方法：按行号、列表添加。

```
worksheet.write(0,0,'景点编号')
```

用 write()为第 1 行第 1 列录入数据"景点编号"。

在 Excel 中,录入的数据类型有文本、数字、日期等,因此,在 xlsxwriter 库中定义了不同类型数据的写入方法。例如,write_string()写入字符串,write_number()写入数字,write_blank()写入空值,write_formula()写入公式与函数,write_datetime()写入日期,write_boolean()写入逻辑值,write_url()写入链接。

(4) 调整格式。

① 调整行高：set_row(row, num)。

例如,worksheet1. set_row(1, 20)可以将第 2 行的行高设置为 20。

② 调整列宽：set_column(col1,col2,num),其中 col1 和 col2 分别指起始列和结束列。

例如,worksheet. set_column('B:C', 20) 可以将 B 列和 C 列列宽都设定为 20。

③ 合并单元格。

例如,worksheet1. merge_range(0, 0, 0, 4, '景点信息表')表示从第 0 行第 0 列开始,合并 1 行 5 列单元格,并在合并后的单元格中输入"景点信息表"的文字。

④ 设置单元格格式。

先在 workbook 中定义样式,然后在写入数据中加上样式即可。例如：

```
import xlsxwriter
workbook = xlsxwriter.Workbook('景点信息.xlsx')
worksheet1 = workbook.add_worksheet()
format = workbook.add_format({
        'bold': True,                 #字体加粗
        'align': 'center',            #水平居中
        'valign': 'vcenter',          #垂直居中
        'border': 1,                  #单元格边框宽度
        'bg_color': '#ffFF00',        #单元格背景颜色
        'num_format': '0.00',         #格式化数据格式为小数点后两位
        'font_size': 18,              #字体大小
        'font_color': 'red'           #字体颜色
})
worksheet1.merge_range(0, 0, 0, 4, '景点信息表', format)
workbook.close()
```

运行代码,生成一个"景点信息. xlsx"文件,打开文件内容,如图 5-5 所示。

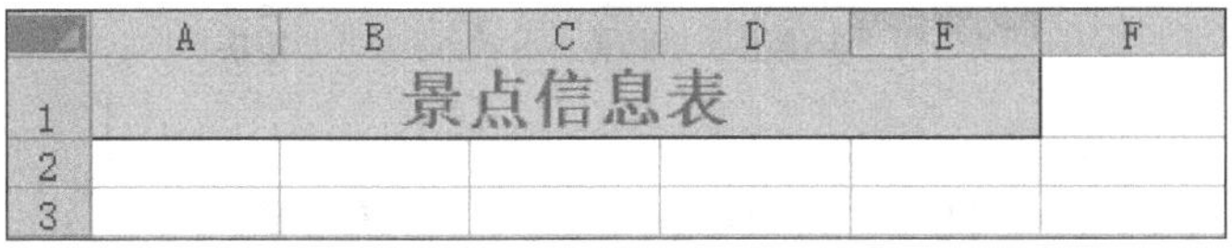

图 5-5 用 xlsxwriter 库生成 XLSX 文件并设置格式效果图

3. 应用案例

用 xlsxwriter 库写入文件的实现代码如下。

```python
#导入模块
import xlsxwriter
#创建工作簿
workbook = xlsxwriter.Workbook('景点信息.xlsx')
#创建工作表
worksheet1 = workbook.add_worksheet()
#定义标题格式
format = workbook.add_format({
        'bold': True,                    #字体加粗
        'align': 'center',               #水平居中
        'valign': 'vcenter',             #垂直居中
        'border': 1,                     #单元格边框宽度
        'bg_color': '#ffFF00',           #单元格背景颜色
        'num_format': '0.00',            #格式化数据格式为小数点后两位
        'font_size': 18,                 #字体大小
        'font_color': 'red'              #字体颜色
})
#合并1行5列,录入标题内容
worksheet1.merge_range(0, 0, 0, 4, '景点信息表', format)
#录入标题
worksheet1.write(1, 0, '景点编号')
worksheet1.write(1, 1, '景点名称')
worksheet1.write(1, 2, '项目')
worksheet1.write(1, 3, '票价')
worksheet1.write(1, 4, '地址')
#定义数据
data = (
    ['1',"动物园",'门票','25','重庆'],
    ['2',"科技馆",'门票','25','重庆'],
    ['3',"金佛山",'套票','100','重庆'],
)
#写入数据
for i in range(2,len(data) + 2):
    for j in range(5):
        worksheet1.write_string(i,j,data[i - 2][j])
#关闭保存
workbook.close()
```

运行代码,在当前目录生成一个"景点信息.xlsx"文件,打开文件,效果如图5-6所示。

	A	B	C	D	E
1	景点信息表				
2	景点编号	景点名称	项目	票价	地址
3	1	动物园	门票	25	重庆
4	2	科技馆	门票	25	重庆
5	3	金佛山	套票	100	重庆
6					
7					

图 5-6 用 xlsxwriter 库写入文件效果图

5.3.3 用 Openpyxl 库读/写、修改 XLSX 文件

Openpyxl 是一个用于读取和编写 XLSX、XLSM、XLTX 和 XLTM 文件的库。它支持

XLSX 文件的读/写和修改,几乎可以实现 Excel 的所有功能,而且接口清晰,文档丰富。

1. 安装和导入

安装 Openpyxl 库时,用命令行方式输入 pip install openpyxl,导入模块需要输入 import openpyxl。

2. 使用方法

(1) 操作工作簿。

- 打开并读取工作簿:wb=openpyxl.load_workbook(filepath),新建文件时默认有一个名为 Sheet 的工作表。
- 创建工作簿:wb=openpyxl.Workbook()。
- 保存工作簿:wb.save(filename)。

(2) 操作工作表。

- 获取第一个工作表对象:ws=wb.active。
- 获取指定名称的工作表对象:wb[sheet_name]。
- 获取所有工作表名称:wb.sheetnames。
- 获取所有工作表对象:wb.worksheets,wb.worksheets[0]表示第一个工作表。
- 创建工作表并返回工作表对象:wb.create_sheet(sheet_name,index="end"),默认添加到末尾。
- 复制工作表并返回工作表对象:wb.copy_worksheet(sheet)。
- 删除工作表:wb.remove(sheet)。

(3) 操作单元格。

- 设置工作表名称:ws.title。
- 设置工作表最大行号:ws.max_row。
- 设置工作表最大列表数字:ws.max_column。
- 表格末尾追加数据:ws.append(list)。
- 合并单元格:ws.merge_cells('A2:F2')。
- 取消合并单元格:ws.unmerge_cells('A2:F2')。

(4) 单元格读取。

- 根据坐标读取单元格:ws['A1']。
- 根据行列读取单元格:ws.cell(row,column,value=None)。
- 获取第一行的所有单元格对象:ws[1]。
- 获取第 B 列的所有单元格 ws["B"]。
- 获取第 A~B 列的所有单元格:ws["A:B"]。
- 获取第 1~2 行的所有单元格对象:ws[1:2]。
- 获取单元格区域:ws["A1:D4"]。
- 以列表形式返回所有单元格数据:ws.values。
- 设置单元格的值:cell.value。
- 设置数字列标:cell.column。
- 设置字母列标:cell.column_letter。
- 设置行号:cell.row。

- 设置单元格的坐标：cell. coordinate。
- 设置单元格的数据类型：cell. data_type。
- 设置单元格格式：cell. number_format，默认为常规型。
- 设置单元格 Font 对象：cell. font。
- 设置单元格边框：cell. border。
- 设置单元格水平/垂直对齐方式：cell. alignment。
- 设置单元格填充颜色：cell. fill。

（5）行/列操作。

- 获取行对象：ws. row_dimensions[行号]。
- 获取列对象：ws. column_dimensions[字母列表]。
- 返回列表：get_column_letter(index)。
- 返回数字列表：column_index_from_string(string)。
- 设置行高：row. height。
- 设置列宽：column. width。

3. 基础操作案例

输入以下代码，实现写入数据到 XLSX 文件，并读取文件信息，输出文件内容。

```python
import openpyxl
# =========== 写入部分 =============
#创建工作簿文件
jd = openpyxl.Workbook()
#激活当前工作表
js = jd.active
#创建一个 sheet1
s1 = jd.create_sheet("景点表",0)
#创建一个 sheet2
s2 = jd.create_sheet("游客表",1)
#设置 sheet1 标签背景色
s1.sheet_properties.tabColor = "00ff00"
#修改工作表名称
s1.title = "景点信息表"
#合并 1 行 5 列,录入标题内容
s1.merge_cells('A1:E1')
s1['A1'] = "景点信息表"
#写入小标题
title = ['景点编号','景点名称','项目','票价','地址']
for col in range(len(title)):
    c = col + 1
    s1.cell(row = 2,column = c).value = title[col]
jd.save("景点信息_openpy.xlsx")
#输入数据
data = [
    ('1',"动物园",'门票','25','重庆'),
    ('2', "科技馆", '门票', '25', '重庆'),
    ('3',"金佛山",'套票','100','重庆'),
]
rows = len(data)
```

```
l = len(data[0])
for i in range(rows):
    for j in range(l):
        s1.cell(row = i + 2, column = j + 1).value = data[i][j]
jd.save("景点信息_openpy.xlsx")
# =========== 读取部分 =============
import openpyxl
#打开工作簿文件
jd = openpyxl.load_workbook("景点信息_openpy.xlsx")
js = jd.active
#获取所有表格(worksheet)的名字
sheets = jd.sheetnames
print(sheets)
#获取工作表
s1 = jd["景点信息表"]
#获取表格所有行和列,两者都是可迭代的
rows = s1.rows
columns = s1.columns
#迭代所有的行
for i in rows:
    line = [col.value for col in i]
    print(line)
#通过坐标读取值
print(s1['A1'].value)      #A 表示列,1 表示行
#查看第 3 行第 2 列的数据
print(s1.cell(row = 3, column = 2).value)
```

运行程序,在当前目录生成一个"景点信息_openpy.xlsx"文件,输出结果如下。

```
['景点信息表', '游客表', 'Sheet']
['景点信息表', Null, Null, Null, Null]
['1', '动物园', '门票', '25', '重庆']
['2', '科技馆', '门票', '25', '重庆']
['3', '金佛山', '套票', '100', '重庆']
景点信息表
科技馆
```

5.3.4　用 Pandas 库读/写 XLSX 文件

Pandas 库的功能十分强大,在数据处理分析领域应用广泛,且同样具有对 XLSX 文件的读/写操作。

1. 安装与导入

安装 Pandas 库时,用命令行方式输入 pip install pandas,导入模块需要输入以下代码。

```
import pandas as pd
```

2. 使用方法

(1) 写入数据到 XLSX 文件。

写入数据到 XLSX 文件的方法是 to_excel('文件名')。如果将单个对象写入 Excel 文件,则必须指定目标文件名;如果将数据写入多张工作表,则需要创建一个 ExcelWriter 对

象,并通过 sheet_name 参数依次指定工作表的名称。to_ecxel 包含的参数如下。

```
df.to_excel(excel_writer, sheet_name = 'Sheet1', na_rep = '', float_format = Null, columns =
Null, header = True, index = True, index_label = Null, startrow = 0, startcol = 0, engine = Null,
merge_cells = True, encoding = Null, inf_rep = 'inf', verbose = True, freeze_panes = Null)
```

其中,excel_writer 表示文件路径或 ExcelWriter 对象;sheet_name 表示指定某个工作表;
columns 表示需要写入的列;header 表示列名;index 表示要写入的索引;index_label 表示
引用索引列的列标签;startrow 表示初始写入的行号,默认值为 0;startcol 表示初始写入
的列序号,默认值为 0。engine 是一个可选参数,用于指定要使用的引擎,可以是 openpyxl
或 xlsxwriter。

① 写入数据到单个工作表。

```
import pandas as pd
data = [
    ('1',"动物园",'门票','25','重庆'),
    ('2', "科技馆", '门票', '25', '重庆'),
    ('3',"金佛山",'套票','100','重庆'),
]
df = pd.DataFrame(data)
df.to_excel('景点_单表.xlsx', sheet_name = 'Sheet1', index = False)
```

执行以上代码,可以生成一个"景点_单表.xlsx"文件,文件内容如图 5-7 所示。

	A	B	C	D	E
1	0	1	2	3	4
2	1	动物园	门票	25	重庆
3	2	科技馆	门票	25	重庆
4	3	金佛山	套票	100	重庆

图 5-7　用 Pandas 库写入单个工作表

如果要去掉列名,则需要为 to_excel()添加参数 header＝False,即可去掉第 1 行上自动
生成的列名。

② 写入文件到多个工作表。

```
import pandas as pd
data1 = [
    ('1',"动物园",'门票','25','重庆'),
    ('2', "科技馆", '门票', '25', '重庆'),
    ('3',"金佛山",'套票','100','重庆')
]
data2 = [
    ('1',"张三",'186＊＊＊＊0011'),
    ('2', "李四", '186＊＊＊＊0012'),
    ('3',"王五",'186＊＊＊＊0013')
]
df1 = pd.DataFrame(data1)
df2 = pd.DataFrame(data2)
with pd.ExcelWriter('旅游统计表.xlsx') as writer:
    df1.to_excel(writer, sheet_name = '景点信息', index = False, header = False)
    df2.to_excel(writer, sheet_name = '游客信息', index = False, header = False)
```

执行以上代码,将会在当前目录创建一个"旅游统计表.xlsx"文件,其中包含了两个工作表"景点信息"和"游客信息",且包含相应的数据。

如果原有文件存在且文件中有数据,则使用上述方法写入工作表后,文件中原有的数据会被覆盖。为了避免发生这种情况,需要使用在原文件中新增工作表的方法。

③ 在原有文件中新增工作表。

```python
import pandas as pd
data = [
    ('1',"动物园",'门票','25','重庆'),
    ('2', "科技馆", '门票', '25', '重庆'),
    ('3',"金佛山",'套票','100','重庆'),
]
df = pd.DataFrame(data)
with pd.ExcelWriter('汇总表.xlsx', mode = 'a', engine = 'openpyxl') as writer:
    df.to_excel(writer, sheet_name = 'sheet1', index = False)
```

执行以上代码,将会在"汇总表.xlsx"文件中新增一个工作表"sheet1",内容为 data 中的数据。

(2) 读取 XLSX 文件。

读取 XLSX 文件最常用的方法是 read_excel('文件名')。如果指定某个工作表,则可以在参数中添加数字,第 1 个工作表从 0 开始编号,如 read_excel('文件名',0)表示获取第 1 个工作表对象;也可以用工作表名称进行定位,如 read_excel('文件名','sheet1')表示获取 sheet1 工作表对象。执行以下代码,将会输出"汇总表.xlsx"文件中的第 1 个工作表的信息。

```python
import pandas as pd
df = pd.read_excel('汇总表.xlsx',0)
print(df)
```

除此之外,read_excel()还有其他参数。例如,io 表示文件路径;header 表示规定哪几列为列名;names 表示重新定义列名的值;index_col 表示索引列,可以用数字表示使用哪一列作为索引,也可以是列表;usecols 表示读取的列的范围,默认为所有列;converters 表示列的数据类型;nrows 表示需要读取的行数;skiprows 表示跳过的行数。这些参数可以根据需要进行选择。

(3) 读取工作表内的数据。

- 获取工作表的尺寸:df.shape。
- 获取工作表前 n 行数据:df.head(n)。
- 获取工作表第 $m \sim n$ 行的数据:df[$m:n$]。
- 获取工作表第 m 行和第 n 行(不连续的两行)的数据:df[[m,n]]。
- 获取工作表第 m 列的数据:df.iloc[:,m]。
- 获取工作表第 m 行第 n 列的值:df.iloc[m,n]。
- 获取工作表第 m 列和第 n 列的数据:df.iloc[:,[m,n]]。
- 获取工作表第 $m \sim n$ 行且在第 $a \sim b$ 列的数据区域:df.iloc[[$m:n$],[$a:b$]]。

以上数字的编号均从 0 开始。一般情况下,整数索引切片是前闭后开,标签索引切片是前闭后闭。df.loc[]只能使用标签索引,不能使用整数索引,通过标签索引切片进行筛选时,前闭后闭。df.iloc[]只能使用整数索引,不能使用标签索引,通过整数索引切片进行筛选时,前闭后开。df.ix[]既可以使用标签索引,也可以使用整数索引。

3. 基础操作案例

现有"火车信息.xlsx"和"景点信息.xlsx"两个文件,需要将两个文件合并到一个"汇总表.xlsx"文件中,并分别输出汇总表中的数据。

```
import pandas as pd
#读取两个文件中的数据
jdb = pd.read_excel('景点表.xlsx')
cpb = pd.read_excel('车票表.xlsx')
#同时写入两个文件到汇总表中
with pd.ExcelWriter('汇总表.xlsx', mode = 'w', engine = 'openpyxl') as writer:
    jdb.to_excel(writer, sheet_name = '景点表', index = False)
    cpb.to_excel(writer, sheet_name = '车票表', index = False)
#读取汇总表的两个工作表
jdb_out = pd.read_excel('汇总表.xlsx', sheet_name = '景点表')
cpb_out = pd.read_excel('汇总表.xlsx', sheet_name = '车票表')
#输出工作表的尺寸
print(jdb_out.shape)
#输出工作表前 10 行数据
print(jdb_out.head(10))
#输出工作表第 2～10 行的数据
print(jdb_out[3:10])
#输出工作表第 2 列的数据
print(jdb_out.iloc[:,1])
#输出工作表第 2 行第 2 列的值
print(jdb_out.iloc[1,1])
#整张表输出
print(jdb_out)
```

5.3.5 应用案例

1. 12306 车次信息爬取与存储

本案例实现步骤如下。

- 第 1 步:爬取数据。
- 第 2 步:存储数据。
- 第 3 步:读取数据。

其中,存储数据分别用 Pandas 库、Openpyxl 库和 xlsxwriter 库来写入,读取数据分别用 xlrd 库、Pandas 库和 Openpyxl 库来写入,以便于比较各个库之间的区别及特点。

(1)爬取数据。

爬取数据的实现代码如下。

```
import time
from selenium import webdriver
from lxml import etree
base_url = r'https://kyfw.12306.cn/otn/leftTicket/init?linktypeid = dc&fs = % E9 % 87 % 8D %
E5 % BA % 86,CQW&ts = % E5 % 8C % 97 % E4 % BA % AC,BJP&date = 2023 - 03 - 24&flag = N,N,Y'
```

```
print("正在爬取数据……请等待……")
options = webdriver.FirefoxOptions()
#设置浏览器为 headless 无界面模式
options.add_argument("--headless")
options.add_argument("--disable-gpu")
#打开浏览器处理,注意浏览器无显示
browser = webdriver.Firefox(options = options)
browser.get(base_url)
time.sleep(4)
res = browser.page_source
html = etree.HTML(res)
#车次
result1 = html.xpath('/html/body/div[2]/div[8]/div[8]/table/tbody/tr/td[1]/div/div[1]/
div/a/text()')
#始发站
result2 = html.xpath('/html/body/div[2]/div[8]/div[8]/table/tbody/tr/td[1]/div/div[2]/
strong[1]/text()')
#到达站
result3 = html.xpath('/html/body/div[2]/div[8]/div[8]/table/tbody/tr/td[1]/div/div[2]/
strong[2]/text()')
#出发时间
result4 = html.xpath('/html/body/div[2]/div[8]/div[8]/table/tbody/tr/td[1]/div/div[3]/
strong[1]/text()')
#到达时间
result5 = html.xpath('/html/body/div[2]/div[8]/div[8]/table/tbody/tr/td[1]/div/div[3]/
strong[2]/text()')
#历时
result6 = html.xpath('/html/body/div[2]/div[8]/div[8]/table/tbody/tr/td[1]/div/div[4]/
strong/text()')
#输出车次信息
print('---- 共计{0}个车次信息,分别是:---- '.format(len(result1)))
for x in range(0,len(result1)):
    print('车次:',result1[x],'始发站:',result2[x],'到达站:',result3[x],'出发时间:',result4
[x],'到达时间:',result5[x],'历时:',result6[x])
print('---- 爬取的车次信息,显示完成 ---- ')
#等待 3s,关闭浏览器
time.sleep(3)
browser.close()
```

(2) 存储数据。

① 用 Pandas 库实现存储。

```
import pandas as pd
df = pd.DataFrame({'车次':result1,'始发站':result2,'终点站':result3,'出发时间':result4,'到达
时间':result5,'历时':result6})
df.to_excel('火车查询信息' + time.strftime("-%m%d-%H%M%S", time.localtime()) + '.xlsx
',index = False)
print('---- 爬取的车次信息,存储到 XLSX 中 ---- ')
```

② 用 xlsxwriter 库实现存储。

```
import xlsxwriter
workbook = xlsxwriter.Workbook('车票 writer.xlsx')
worksheet1 = workbook.add_worksheet()
```

```
# 录入标题
worksheet1.write(0, 0, '车次')
worksheet1.write(0, 1, '始发站')
worksheet1.write(0, 2, '终点站')
worksheet1.write(0, 3, '始发时间')
worksheet1.write(0, 4, '到达时间')
worksheet1.write(0, 5, '用时')
# 定义数据
l1, l2, l3, l4, l5, l6 = [], [], [], [], [], []
for i in range(len(result1)):
    l1.append(result1[i])
    l2.append(result2[i])
    l3.append(result3[i])
    l4.append(result4[i])
    l5.append(result5[i])
    l6.append(result6[i])
l = [l1, l2, l3, l4, l5, l6]
l = list(map(list, zip( * l)))
# 写入数据
for i in range(1, len(l) + 1):
    for j in range(6):
        worksheet1.write_string(i, j, l[i - 2][j])
# 关闭保存
workbook.close()
```

③ 用 Openpyxl 库实现存储。

```
import openpyxl
# 创建工作簿文件
cc = openpyxl.Workbook()
# 激活当前工作表
js = cc.active
# 创建一个 sheet1
s1 = cc.create_sheet("景点表", 0)
# 写入小标题
title = ['车次', '始发站', '到达站', '始发时间', '到达时间', '用时']
for col in range(len(title)):
    c = col + 1
    s1.cell(row = 1, column = c).value = title[col]
# 输入数据
l1, l2, l3, l4, l5, l6 = [], [], [], [], [], []
for i in range(len(result1)):
    l1.append(result1[i])
    l2.append(result2[i])
    l3.append(result3[i])
    l4.append(result4[i])
    l5.append(result5[i])
    l6.append(result6[i])
data = [l1, l2, l3, l4, l5, l6]
data = list(map(list, zip( * data)))
rows = len(data)
l = len(data[0])
for i in range(rows):
```

```
        for j in range(l):
            s1.cell(row = i + 2, column = j + 1).value = data[i][j]
cc.save("火车信息_openpy.xlsx")
```

（3）读取数据。

① 用 xlrd 库读取 XLSX 文件。

```
＃导入 xlrd 模块
import xlrd
＃定义一个 XLSX 文件对象
data = xlrd.open_workbook(r"车票 writer.xlsx")
＃查询工作表名称
names = data.sheet_names()
＃获取第 1 个工作表
table = data.sheet_by_index(0)
＃获取表格行数
nrows = table.nrows
print("表格一共有", nrows, "行")
＃获取表格列数
nclos = table.ncols
print("表格一共有", nclos, "列")
＃遍历表数据
for i in range(nrows):
    print(table.row_values(i))
```

② 用 Openpyxl 库读取 XLSX 文件。

```
import openpyxl
＃打开工作簿文件
jd = openpyxl.load_workbook("车票 writer.xlsx")
js = jd.active
＃ 获取所有表格(worksheet)的名字
sheets = jd.sheetnames
print(sheets)
＃获取工作表
s1 = jd['Sheet1']
＃获取表格所有行和列,两者都是可迭代的
rows = s1.rows
columns = s1.columns
＃迭代所有的行
for i in rows:
    line = [col.value for col in i]
    print(line)
```

③ 用 Pandas 库读取 XLSX 文件。

```
import pandas as pd
hc = pd.read_excel('火车信息_openpy.xlsx', sheet_name = '景点表')
print(hc)
```

对 12306 车次信息进行爬取与存储,最终生成的 XLSX 文件如图 5-8 所示。

	A	B	C	D	E	F
1	车次	始发站	终点站	始发时间	到达时间	用时
2	K508	重庆西	北京西	21:00	21:34	24:34
3	G52	重庆北	北京西	07:32	14:26	06:54
4	G352	重庆北	北京西	08:15	17:03	08:48
5	G388	重庆西	北京西	08:38	20:03	11:25
6	T10	重庆西	北京西	09:56	11:12	25:16
7	G332	重庆北	北京西	10:48	19:06	08:18
8	Z96	重庆西	北京西	11:25	10:51	23:26
9	G372	重庆西	北京西	11:57	21:34	09:37
10	G372	重庆北	北京西	12:24	21:34	09:10
11	G54	重庆北	北京西	14:33	21:44	07:11
12	Z50	重庆北	北京西	14:37	10:05	19:28
13	Z4	重庆北	北京西	15:24	10:11	18:47
14						

图 5-8 车次信息 XLSX 文件

2. 携程网景点信息爬取与存储

本案例实现步骤为 3 步：爬取数据、存储数据和读取数据。

（1）爬取数据。

爬取数据的实现代码如下。

```python
import requests
import time
from bs4 import BeautifulSoup
# ==== 景点信息爬取部分 ============
if __name__ == '__main__':
    # 通过观察网页,生成景点信息前 10 页的网址
    headers = {'user-agent': 'Mozilla/5.0 (Windows NT 10.0; Win64; x64) AppleWebKit/537.36
(KHTML, like Gecko) Chrome/101.0.4951.54 Safari/537.36'}
    url_list = []
    for x in range(1,11):
        url = 'https://you.ctrip.com/sight/chongqing158/s0-p{0}.html#sightname'.format(x)
        url_list.append(url)
    # 开始爬取景点信息
    i = 1
    list1 = []
    for base_url in    url_list:
        print('======== 开始爬取第{0}页信息,共计 10 个景点 ======== '.format(i))
        # 添加 2s 延时
        time.sleep(2)
        res = requests.get(base_url, headers = headers)
        res.encoding = res.apparent_encoding
        soup = BeautifulSoup(res.text, 'lxml')
        res = soup.find_all(class_ = 'list_mod2')
        for x in res:
            # 景点名称
            res1 = x.find_all('a')
            # 景点地址
            res2 = x.find_all(class_ = 'ellipsis')
            # 景点热度
            res3 = x.find_all(class_ = 'hot_score_number')
```

```
                    #景点评分
                    res4 = x.find_all(class_ = 'score')
                    #景点点评数
                    res5 = x.find_all(class_ = 'recomment')
                    #显示信息
                    print('-' * 30)
                    print('景点名称:', res1[1].string.strip())
                    print('景点地址:', res2[0].string.strip())
                    print('景点热度:', res3[0].string.strip())
                    print('景点评分:', res4[0].find_all('strong')[0].string.strip())
                    print('景点点评数:', res5[0].string.strip())
                    #将数据存入字典后,加入列表中
                    dist1 = {}
                    dist1['景点名称'] = res1[1].string.strip()
                    dist1['景点地址'] = res2[0].string.strip()
                    dist1['景点热度'] = res3[0].string.strip()
                    dist1['景点评分'] = res4[0].find_all('strong')[0].string.strip()
                    dist1['景点点评数'] = res5[0].string.strip().strip('条点评()')
                    time.sleep(0.4)
                    list1.append(dist1)
                    time.sleep(0.4)
            print('======== 第{0}页信息,爬取完成 ======== '.format(i))
            i = i + 1
    print('======== 景点信息前 10 页信息,爬取完成 ======== '.format(i))
```

（2）存储数据。

① 用 Pandas 库实现存储。

```
import pandas as pd
#将数据保存到 Execl 表格中
name = '景点信息' + '.xlsx'
df = pd.DataFrame(list1)
df.to_excel(name)
print('---- 爬取的景点信息,存储到 Excel 中 ---- ')
```

执行以上代码,会生成一个"景点信息.xlsx"文件。

② 用 xlsxwriter 库实现存储。

用 xlsxwriter 库也可以实现同样的存储效果,代码如下。

```
import xlsxwriter
workbook = xlsxwriter.Workbook('景点 writer.xlsx')
worksheet1 = workbook.add_worksheet()
#录入标题
worksheet1.write(0, 0, '景点名称')
worksheet1.write(0, 1, '景点地址')
worksheet1.write(0, 2, '景点热度')
worksheet1.write(0, 3, '景点评分')
worksheet1.write(0, 4, '景点点评数')
#定义数据
```

```
l1, l2, l3, l4, l5, l6 = [], [], [], [], [], []
for i in range(len(list1)):
    l1.append(list1[i].get("景点名称"))
    l2.append(list1[i].get("景点地址"))
    l3.append(list1[i].get("景点热度"))
    l4.append(list1[i].get("景点评分"))
    l5.append(list1[i].get("景点点评数"))
l = [l1,l2,l3,l4,l5]
l = list(map(list, zip( * l)))
# 写入数据
for i in range(1,len(l) + 1):
    for j in range(5):
        worksheet1.write(i,j,l[i - 1][j])
# 关闭保存
workbook.close()
```

③ 用 Openpyxl 库实现存储。

用 Openpyxl 库也可以实现同样的存储效果,代码如下。

```
import openpyxl
# ============ 写入部分 =============
# 创建工作簿文件
cc = openpyxl.Workbook()
# 激活当前工作表
js = cc.active
# 创建一个 sheet1
s1 = cc.create_sheet("景点表",0)
# 写入小标题
title = ['景点名称','景点地址','景点热度','景点评分','景点点评数']
for col in range(len(title)):
    c = col + 1
    s1.cell(row = 1,column = c).value = title[col]
# 输入数据
l1, l2, l3, l4, l5, l6 = [], [], [], [], [], []
for i in range(len(list1)):
    l1.append(list1[i].get("景点名称"))
    l2.append(list1[i].get("景点地址"))
    l3.append(list1[i].get("景点热度"))
    l4.append(list1[i].get("景点评分"))
    l5.append(list1[i].get("景点点评数"))
l = [l1,l2,l3,l4,l5]
l = list(map(list, zip( * l)))
# 写入数据
rows = len(l)
le = len(l[0])
for i in range(rows):
    for j in range(le):
        s1.cell(row = i + 2, column = j + 1).value = l[i][j]
cc.save("景点_openpy.xlsx")
```

（3）读取数据。

① 用 xlrd 库读取 XLSX 文件。

```
#导入 xlrd 模块
import xlrd
#定义一个 XLSX 文件对象
data = xlrd.open_workbook(r"景点_openpy.xlsx ")
#查询工作表名称
names = data.sheet_names()
#获取第 1 个工作表
table = data.sheet_by_index(0)
#获取表格行数
nrows = table.nrows
print("表格一共有", nrows, "行")
#获取表格列数
nclos = table.ncols
print("表格一共有", nclos, "列")
#遍历表数据
for i in range(nrows):
    print(table.row_values(i))
```

② 用 Openpyxl 库读取 XLSX 文件。

```
import openpyxl
#打开工作簿文件
jd = openpyxl.load_workbook("景点_openpy.xlsx")
js = jd.active
#获取所有表格(worksheet)的名字
sheets = jd.sheetnames
print(sheets)
#获取工作表
s1 = jd['景点表']
#获取表格所有行和列,两者都是可迭代的
rows = s1.rows
columns = s1.columns
#迭代所有的行
for i in rows:
    line = [col.value for col in i]
    print(line)
```

③ 用 Pandas 库读取 XLSX 文件。

```
import pandas as pd
jd = pd.read_excel('景点信息.xlsx', index_col = False)
print(jd)
```

对携程网景点信息进行爬取与存储,最终生成的 XLSX 文件如图 5-9 所示。

	A	B	C	D	E
1	景点名称	景点地址	景点热度	景点评分	景点点评数
2	武隆天生三	重庆市武隆	8.3	4.7	8661
3	洪崖洞民俗	重庆市渝中	8.7	4.6	6446
4	长江索道	重庆市渝中	8.5	4.2	9262
5	重庆欢乐谷	重庆市渝北	7.8	4.5	5253
6	磁器口古镇	重庆市沙坪	8.5	4.4	10702
7	武隆喀斯特	重庆市武隆	8.3	4.6	3264
8	重庆动物园	重庆市九龙	7.2	4.7	2433
9	解放碑步行	重庆市渝中	8.3	4.6	4022
10	重庆两江游	重庆市渝中	7.7	4.3	7826
11	重庆1949大	重庆市沙坪	7.1	4.8	267
12	仙女山国家	重庆市武隆	7.7	4.5	3102
13	重庆云端之	重庆市渝中	7.7	4.3	440
14	乐和乐都动	重庆市永川	6.7	4.8	5890
15	大足石刻	重庆市大足	7.4	4.6	4293
16	渣滓洞	重庆市沙坪	7.3	4.5	820
17	重庆融创海	重庆市沙坪	5.8	4.8	1676
18	丰都鬼城名	重庆市丰都	7.2	4.3	1987
19	白帝城.瞿	奉节县夔门	7.2	4.5	1356
20	龙水峡地缝	武隆县仙女	6.9	4.6	1433
21	朝天门广场	重庆市渝中	7.2	4.5	1037
22	梦幻奥陶纪	重庆綦江区	7.0	4.2	3026
23	湖广会馆	重庆市渝中	7.0	4.5	902
24	万州大瀑布	重庆市万州	7.0	4.8	2570
25	巫山小三峡	重庆市巫山	7.0	4.4	1100
26	[illegible]	[illegible]	[illegible]	[illegible]	[illegible]

图 5-9 景点信息 XLSX 文件

5.4 数据库存取

在进行旅游大数据分析时，根据数据的结构，可以选择关系数据库和非关系数据库来存储数据。关系数据库能够实现复杂的数据查询，且有事务支持，可以实现数据存储的高安全性，目前 MySQL 在数据分析领域应用较为广泛。非关系数据库则主要存储非结构化的数据，如文本、图片、音频和视频等数据，常用的有 MongoDB、Redis 等。在大数据时代数据类型多且数据增长快的情况下，非关系数据库发展迅速，但是关系数据库凭借其高可靠性、高效率的数据管理优势，依然是主流数据库。因此，下面主要介绍关系数据库的使用方法。

5.4.1 数据模型

数据库使用数据模型对现实世界进行抽象化，数据模型是对数据和数据之间联系的描述。现有的数据库系统均是基于某种数据模型的。常见的数据模型有 3 种：层次模型、网状模型和关系模型。

1. 层次模型

层次模型使用树状结构表示实体及实体间的联系，满足以下两个条件的数据模型称为层次模型。

(1) 有且仅有一个结点无父结点，该结点为根结点。

(2) 其他结点有且仅有一个父结点。

2. 网状模型

网状模型使用网状结构表示实体及实体间的联系,满足以下两个条件之一的数据模型称为网状模型。

(1) 允许一个以上的结点无父结点。

(2) 允许结点可以有多于一个的父结点。

3. 关系模型

关系模型使用一组二维表表示实体及实体间的关系,它将世界看作是由实体和联系构成的。联系就是实体之间的关系,可以分为 3 种:一对一、一对多、多对多。

关系模型的特点如下。

(1) 表中的每列都是不可再细分的基本数据项。

(2) 每列的名称不同,数据类型相同或兼容。

(3) 行的顺序无关紧要。

(4) 列的顺序无关紧要。

(5) 关系中不能存在完全相同的两行。

5.4.2　关系数据库的基本概念与运算

在使用关系数据库之前,需要先了解它的基本概念和关系之间的运算。

1. 基本概念

(1) 关系:一个关系对应一张二维表,每个关系有一个关系名。

(2) 记录:表中的一行为一条记录,记录也称为元组。

(3) 属性:表中的一列为一个属性,属性也称为字段。每一个属性都有一个名称,即属性名。

(4) 关键字:表中的某个属性集,它可以唯一确定一条记录。

(5) 主键:一个表中可能有多个关键字,但在实际的应用中只能选择一个,被选用的关键字称为主键。

(6) 值域:属性的取值范围。

2. 关系运算

对关系数据库进行查询时,若要找到用户关心的数据,就需要进行一定的关系运算。关系运算有两种:一种是传统的集合运算(如并、差、交、广义笛卡儿积等);另一种是专门的关系运算(如选择、投影、连接等)。

专门的关系运算的概念如下。

(1) 选择:在关系中选择满足指定条件的元组。

(2) 投影:在关系中选择某些属性(列)。

(3) 连接:从两个关系的笛卡儿积中选取属性间满足一定条件的元组。

5.4.3　关系数据库设计

在创建关系数据库之前,不论基于什么平台,都需要先设计关系数据库,其设计步骤为以下 4 步。

1. 建立 E-R(实体-关系)模型

将现实世界抽象化为信息世界是设计数据库的第一步。将现实世界中客观存在的事物及其所具有的特征抽象为信息世界的实体和属性,进而绘制出 E-R 图。绘图时涉及的实体、属性、实体标识符、联系及联系类型的概念如下。

(1)实体:客观存在并可以相互区分的事物称为实体,用矩形表示。

(2)属性:实体所具有的某一特性,用椭圆表示,并用连线与实体相连接。

(3)实体标识符:能唯一标识实体的属性或属性组合。

(4)联系:实体与实体之间的联系。联系的类型有一对一、一对多、多对多。用菱形框表示,并用连线与有关实体相连接。

例如,在设计旅游数据库时,将现实世界的旅游景点和游客抽象为景点和游客两个实体。景点实体具有景点编号、景点名称、景点位置、项目编号、项目名称、项目标价、项目折扣、旅游荐点(周边游、亲子游、团建游)等属性,游客实体具有身份证号、姓名、年龄、籍贯、手机号、家庭人数等属性。每位游客可以选多个景点,每个景点可以有多名游客旅游,游客与景点之间的联系是多对多,因此用游客旅游表作为游客和景点之间的联系名,并设置游客编号、游客姓名、游客年龄、景点编号、项目名称、旅游时间、消费金额、同行人数、交通方式、旅游形式(报团、自驾、周边游)等属性。

根据以上分析,绘制出旅游数据库 E-R 图,如图 5-10 所示。

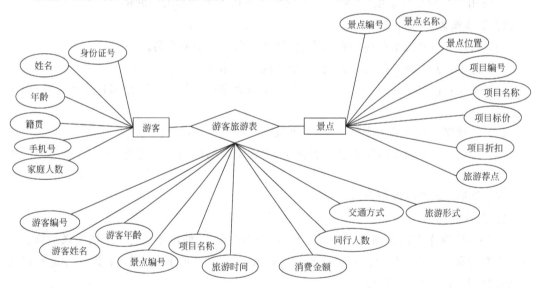

图 5-10 旅游数据库 E-R 图

2. 将 E-R 模型转换为关系模型

将第 1 步绘制的 E-R 图转换为二维表的形式,即可得到关系模型。将上述案例中的 E-R 图转换为关系模型后,得到以下 3 个表。

表 5-2 游客表(原)

身份证号	姓名	年龄/岁	籍贯	手机号	家庭人数/人
50011…3121	张三	20	重庆	18688888888	3
…	…	…	…	…	…

表 5-3　景点表(原)

景点编号	景点名称	景点位置	项目编号	项目名称	项目标价	项目折扣	旅游荐点
CQ001	动物园	重庆主城	DWY001	门票	25	20	亲子游
CQ001	黔江濯水古镇	重庆黔江	ZS001	游船	75	50	周边游
...	...	...	...	...	...	...	...

表 5-4　游客旅游表(原)

游客编号	游客姓名	游客年龄/岁	景点编号	项目名称	旅游时间	消费金额/元	同行人数/人	交通方式	旅游形式
yk0001	张三	30	CQ001	门票	2023/5/1	100	4	汽车	自驾
yk0001	张三	30	CQ001	游船	2023/5/2	300	4	火车+大巴	跟团
...	...	...	...	...	...	...	...	...	...

3. 对关系模型进行规范化

对第 2 步所得的 3 个二维表进行规范。规范化的目的是消除存储异常,减少数据冗余,保证数据完整性和存储效率。对于不同的规范化程序,可用"范式"来衡量,记作 NF。一般规范化可实现第三范式。

(1) 第一范式。

定义:一个关系的每个属性都是不可再分的基本数据项。

经分析,表 5-1、表 5-2 和表 5-3 三个表都符合第一范式。

为了理解第二范式和第三范式,需要了解函数依赖、部分函数依赖和函数传递依赖的概念。

① 函数依赖:完全依赖或部分依赖于主关键字。

例如,景点表中的景点名称、景点地址、旅游项目等都函数依赖于主关键字景点编号。

② 部分函数依赖:表中某属性只函数依赖于主关键字中的部分属性。

例如,游客旅游表中的旅游时间依赖于主关键字的游客编号,也依赖于主关键字中的景点编号,它完全函数依赖主关键字(游客编号、景点编号);而景点名称只函数依赖于主关键字(游客编号、景点编号)中的景点编号,它与游客编号无关,是部分函数依赖。

③ 函数传递依赖:属性之间存在传递的函数依赖关系。

例如,景点表中的景点编号决定项目编号,项目编号决定项目名称。如果项目名称通过项目编号的传递而依赖于主关键字景点编号,则称项目名称和景点编号之间存在函数传递依赖关系。

(2) 第二范式。

定义:首先是第一范式,并且关系中的每个非主属性完全函数依赖(而不是部分依赖)于主关键字。

将非第二范式转换为第二范式:提取部分函数依赖关系中的主属性(决定方)和非主属性从关系中提取,使其单独构成一个关系;将关系中余下的其他属性加主关键字,从而构成关系。例如,游客旅游表中的景点名称部分函数依赖于主关键字(游客编号、景点编号)中的景点编号,需要对景点名称和景点编号进行分离。

(3) 第三范式。

定义:首先是第二范式,并且关系中的任何一个非主属性都不函数传递依赖于任何主关键字。

消除函数传递依赖关系的方法如下。

例如,对景点表中的项目编号、项目名称、项目标价和折扣价进行分离,使其单独组成一个关系,并将剩余的景点编号、景点名称、项目编号构成一个关系表。

经过以上3个范式的规范,将上文中的3个表最终规范为5个表,如表5-5~表5-9所示。

表5-5　游客表

身份证号	姓名	年龄/岁	籍贯	手机号	家庭人数
50011…3121	张三	20	重庆	18688888888	3
…	…	…	…	…	…

表5-6　景点表

景点编号	景点名称	景点位置	旅游荐点
CQ001	动物园	重庆主城	亲子游
CQ002	黔江濯水古镇	重庆黔江	周边游
…	…	…	…

表5-7　项目表

项目编号	项目名称	项目标价/元	折扣价/元
DWY001	门票	25	20
ZS001	游船	75	50
…	…	…	…

表5-8　景点项目表

景点编号	项目编号
CQ001	DWY001
CQ001	DWY001
…	…

表5-9　游客旅游表

游客编号	景点编号	项目编号	旅游时间	消费金额/元	同行人数/人	交通方式	旅游形式
yk0001	CQ001	DWY001	2023/5/1	100	4	汽车	自驾
yk0001	CQ002	ZS001	2023/5/2	300	4	火车+大巴	跟团
…	…	…	…	…	…	…	…

4. 数据完整性

规范后的多个二维表组成了数据库的主要内容,在此基础上,还需要保证数据完整性,才能创建数据库。数据完整性的规则体现在以下几方面。

(1) 列(域)完整性:表中的每一列数据都必须满足所定义的数据类型,并且其值在有效范围之内。

(2) 表完整性:表中必须有一个主关键字(不能为 NULL)。

(3) 参照完整性:每两个关联的表中的数据必须是一致的、协调的,主关键字与外关键字也必须是一致的、协调的。

（4）在从表中进行插入操作时,要保证外关键字的值一定在主表中存在。

（5）在主表中修改主关键字值时,要在从表中同步修改,或者禁止修改主表。

（6）在从表中修改外关键字值时,要保证修改的值在主表中存在。

（7）在删除主表记录时,要注意从表中是否引用主关键字。若存在引用,则禁止删除或同步删除从表记录。

5.4.4 SQL 语句

结构化查询语言 SQL 是操作关系数据库的工业标准语言。在 SQL 中,有以下 4 类语言。

（1）数据查询语言(Data Query Language,DQL)：SELECT。

（2）数据操纵语言(Data Manipulation Language,DML)：INSERT、UPDATE、DELETE。

（3）数据定义语言(Data Definition Language,DDL)：CREAT、ALTER、DROP。

（4）数据控制语言(Data Control Language,DCL)：GRANT、REVOKE。

这些语句是非常重要的,特别是在用 Visual Basic、Power Builder 等工具开发数据库应用程序时,这些语句是操作数据库的重要途径。

1. 常用运算符及函数

（1）常用运算符。

运算符是表示实现某种运算的符号,一般分为 4 类：算术运算符、关系运算符、逻辑运算符和字符串运算符。表 5-10 列出了常用运算符,其中,Like 通常与"?""＊""♯"等通配符结合使用,主要用于模糊查询。在这 3 种通配符中,"?"表示任何单一字符；"＊"表示零个或多个字符；"♯"表示任何一个数字(0～9)。

表 5-10 常用运算符

类 型	运 算 符
算术运算符	＋ ＊ ／ ^(乘方) \(整除) MOD(取余数)
关系运算符	＜ ＜＝ ＜＞ ＞ ＞＝ Between Like
逻辑运算符	NOT AND OR
字符串运算符	＆

（2）常用函数。

在 SQL 语句中可以使用大量的函数。表 5-11 列出了 SQL 语句中的常用函数。

表 5-11 常用内部函数和聚合函数

函数类型	函 数 名	说 明
内部函数	Date()	返回系统日期
	Year()	返回年份
	AVG()	计算某一列的平均值
	COUNT(＊)	统计记录的个数
	COUNT(列名)	统计某一列值的个数
	SUM(列名)	计算某一列的总和

续表

函数类型	函　数　名	说　　　明
聚合函数	MAX(列名)	计算某一列的最大值
	MIN(列名)	计算某一列的最小值
	FIRST(列名)/LAST(列名)	分组查询时,选择同一组中第一条(或最后一条)记录在指定列上的值,将其作为查询结果中现在应记录在该列上的值

2. 创建数据库

创建一个数据库的 SQL 语句为 CREATE DATABASE db_name。

例如,要创建一个旅游系统(tourism system)的数据库,编写 SQL 语句如下。

```
CREATE DATABASE tousys
```

其他常用操作如下。

(1) 查看数据库: show db_name。

(2) 选择指定数据库: use db_name。

(3) 删除数据库: drop database db_name。

3. 创建数据表

创建数据表的 SQL 语句如下。

```
CREATE TABLE 表名
(列名称 1 数据类型,
列名称 2 数据类型,
列名称 3 数据类型,
… )
```

常见的数据类型如下。

(1) int(size):整型。在括号内规定数字的最大位数。

(2) decimal(size,d):容纳带有小数的数字。"size"规定数字的最大位数,"d"规定小数点右侧的最大位数。

(3) char(size):容纳固定长度的字符串(可容纳字母、数字和特殊字符)。在括号中规定字符串的长度。

(4) varchar(size):容纳可变长度的字符串(可容纳字母、数字和特殊字符)。在括号中规定字符串的最大长度。

(5) date(yyyymmdd):容纳日期。

例如,创建一个用户信息表,编写 SQL 语句如下。

```
CREATE TABLE Persons
(Id_P int,
LastName varchar(255),
FirstName varchar(255),
Address varchar(255),
City varchar(255))
```

又如,创建一个景点信息表,编写 SQL 语句如下。

```
CREATE TABLE jdxxb
(jdbh int,jdmc varchar(255),jdrd varchar(255),Address varchar(255),jddps varchar(255),
PRIMARY KEY (jdbh ))
```

该景点信息表的表结构如表 5-12 所示。

表 5-12　jdxxb 表结构

列名称(jdbh)	数据类型(int)
jdmc	varchar(255)
jdrd	varchar(255)
address	varchar(255)
jddps	varchar(255)

在创建 jdxxb 表时,最后一行的 PRIMARY KEY(jdbh)表示设置 jdbh 为表的主键。此外,设置主键也可以直接在定义列名时写入,如 jdbh int PRIMARY KEY。

删除数据表的 SQL 语句为 DROP TABLE 表名,清空数据表的 SQL 语句为 DELETE FROM 表名。

4. 插入语句(INSERT)

插入数据的 SQL 语句如下。

```
INSERT INTO 表名[(字段 1,字段 2,…,字段 n)]
VALUES(常量 1,常量 2,…,常量 n)
```

例如,在 jdxxb 表中插入数据。

```
INSERT INTO jdxxb VALUES (
(1001,"动物园",8.9,"重庆",8900),
(1002,"科技馆",9.3,"重庆",6000)
)
```

5. 查询语句(SELECT)

数据查询是数据库的核心操作,SELECT 语句如下。

```
SELECT [ALL|DISTINCT]目标列 FROM 表(或查询)
[WHERE 条件表达式]
[GROUP BY 列名 1[ HAVING 过滤表达式]]
[ORDER BY 列名 2[ ASC|DESC]]
```

在 SELECT 语句中,选择目标列部分是最基本的、不可缺少的,属于基本语句;其余部分是可以省略的,称为子句。

整个语句的功能是,根据 WHERE 子句中的表达式,从 FROM 子句指定的表或查询中找出满足条件的记录,再按 SELECT 子句中的目标列显示数据。SELECT 语句是数据查询语句,不会更改数据库中的数据。

对 SELECT 语句的进一步分析如下。

(1) 查询多行或多列。

在水平方向上查询满足条件的行的记录,称为选择;在垂直方向上查询满足条件的列的记录,称为投影。

基本语句:SELECT[ALL|DISTINCT]目标列 FROM 表 WHERE 条件。

功能:从 FROM 子句指定的表或查询中找出满足条件的记录,再按照目标列或行显示数据。

SELECT 语句的一个简单用法如下。

```
SELECT 列名 1,…,列名 n FROM 表 WHERE 条件
```

如果要修改目标里的显示名称,则可以在列名后添加"AS 别名";如果要查询所有列的内容,则用"＊"表示。DISTINCT 表示去除查询结果中的重复值。除此之外,目标列中的列名也可以是一个使用聚合函数的表达式。如果没有 GROUP BY 子句,则对整个表进行统计,整个表只产生一条记录;否则,进行分组统计,一组产生一条记录。

例如,从景点信息表(jdxxb)中查询所有重庆的景点信息。

```
SELECT ＊ FROM jdxxb whereaddress = "重庆"
```

若要查询所有的景点名称列(jdmc),则 SELECT 语句为

```
SELECTjdmc FROM jdxxb
```

(2)排序查询结果。

ORDER BY 子句用于指定查询结果的排列顺序。ASC 表示升序,DESC 表示降序,默认是升序。ORDER BY 可以指定多个列作为排序关键字。

例如,从景点信息表(jdxxb)中查询所有重庆的景点信息,并按景点编号从大到小降序排序。

```
SELECT ＊ FROM jdxxb
WHERE address = "重庆"
ORDER BY jdbh DESC
```

(3)分组查询。

GROUP BY 子句用于对查询结果进行分组,即将在某一列上值相同的记录分在一组,一组产生一条记录。

例如,在景点信息表(jdxxb)中查询所有地区的景点信息。

```
SELECT ＊ FROM jdxxb GROUP BY address
```

GROUP BY 后可以有多个列名,分组时把在这些列上值相同的记录分在一组。

例如,在景点信息表(jdxxb)中查询所有地区的景点信息,并计算每个地区的平均点评数。

```
SELECT address, AVG(jddps) FROM jdxxb GROUP BY address
```

若要对分组后的结果进行筛选,则可以使用 HAVING 子句。

例如,在景点信息表(jdxxb)中查询所有地区的景点信息,计算每个地区的平均点评数

并筛选出平均点评数大于 6000 的结果。

```
SELECT address, AVG(jddps) FROM jdxxb GROUP BY address HAVING AVG(jddps)> 6000
```

HAVING 子句与 WHERE 子句都是用来设置筛选条件的,二者的区别在于,HAVING 子句是在分组统计之后进行过滤,而 WHERE 子句是在分组统计之前进行选择记录。

(4) 多表查询。

在查询关系数据库时,有时需要的数据分布在几个表或视图中,此时需要按照某个条件将这些表或视图连接起来,形成一个临时的表,然后再对该临时表进行简单查询。

例如,有两个表 jdxxb(jdbh,jdmc,jdrd,address,jddps) 和 jddpb(jdbh,user,jdpf),分别存储了景点信息表(景点编号、景点名称、景点热度、景点地址、景点点评数)和景点点评表(景点编号、用户、景点评分),查询景点编号为 10 的景点评分。

```
SELECT jdbh, jdmc,address,AVE(jdpf)
FROM jdxxb,jddpb
WHERE jdxxb.jdbh = jddpb.jdbh
GROUP BY jdbh, jdmc,address, jdpf
```

6. 删除语句(DELETE)

在 SQL 中,DELETE 语句用于数据删除,其语法格式如下。

```
DELETE FROM 表[ WHERE 条件]
```

DELETE 语句用于从表中删除满足条件的记录。如果 WHERE 子句为默认,则删除表中所有的记录,此时表没有被删除,仅仅删除了表中的数据。

例如,删除表 jdxxb 中所有地址为“重庆”的记录。

```
DELETE * from jdxb where address = "重庆"
```

7. 修改语句(UPDATE)

在 SQL 中,UPDATE 语句用于数据修改,其语法格式如下。

```
UPDATE 表 SET 字段 1 = 表达式 1, … ,字段 n = 表达式 n   [ WHERE 条件]
```

UPDATE 语句用于修改指定表中满足条件的记录,并按表达式的值修改相应的值。如果 WHERE 子句为默认,则修改表中的所有记录。

例如,将表 jdxxb 中地址为“重庆”的数据改为“西南”。

```
UPDATE jdxxb SET address = "西南" WHERE address = "重庆"
```

需要注意的是,UPDATE 语句一次只能对一个表进行修改,这就有可能破坏数据库中数据的一致性。因此,更新数据时需要考虑相关联的表格因素。

8. 其他语句

在某些特殊情况里需要使用其他 SQL 语句。例如,修改表的结构,使用 ALTER TABLE 语句;授权用户,使用 GRANT 语句;回收授权,使用 REVOKE 语句。

5.4.5 在 Python 中操作 MySQL

1. 安装 MySQL 数据库

在 Python 中调用 MySQL 数据库,首先需要安装 MySQL 数据库。

登录 https://www.mysql.com/cn/downloads/,下载 MySQL Community,下载后的文件名为 mysql-installer-community-8.0.32.0.msi。对数据库进行运行安装,具体步骤如下。

(1)选择 Custom 安装方式,单击 Next。

(2)在 Select Products 选项中,选择 MySQL Server8.0.32-64、Connector/ODBC 8.0.32-X64 和 Connector/NET 8.0.32 -X86,分别添加到右侧安装列,如图 5-12 所示。修改 Advanced Option,将安装目录和数据目录分别改为 D 盘和 E 盘,如图 5-13 所示。

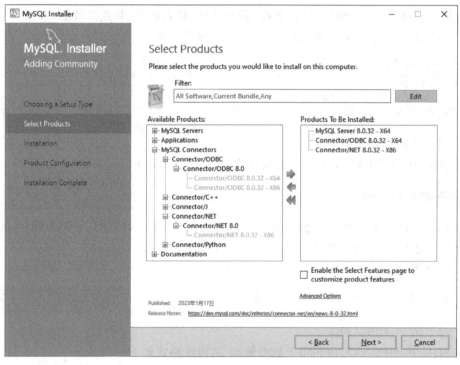

图 5-12　选择安装文件

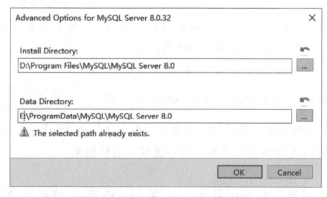

图 5-13　修改安装目录和数据目录

（3）在 Installation 中，执行上述选择的 3 个产品安装即可。

（4）在 Products Configuration 中对软件进行配置。在 Type and Networking 界面，对配置类型和网络连接进行设置，如图 5-14 所示。在 Named Pipe 界面，选择 Full access to all users（NOT RECOMMENDED）。在 Authentication Methord 界面，选择第 1 个选项。在 Accounts and Roles 界面，可以设置默认用户名是 root 的管理员账户，也可以添加自定义账户，具体操作如图 5-15 和图 5-16 所示。

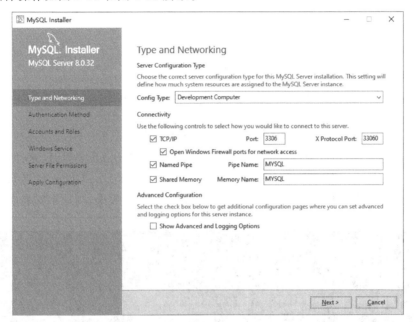

图 5-14　设置配置类型和网络连接

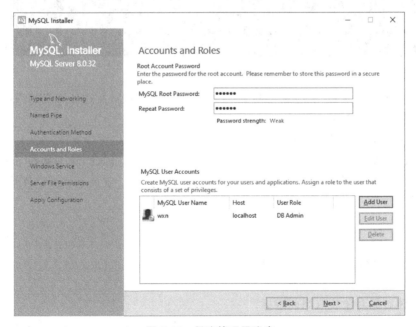

图 5-15　创建管理员账户

图 5-16　添加自定义账户

接下来跟随软件提示进行操作，直到出现 Installation Complete 界面，此时安装完成。

安装后可以进入开始菜单，查找 MySQL 8.0 Command Line Client 并运行，在命令框中输入设置好的管理员账户密码，如果看到如图 5-17 所示的效果，则提示安装成功。

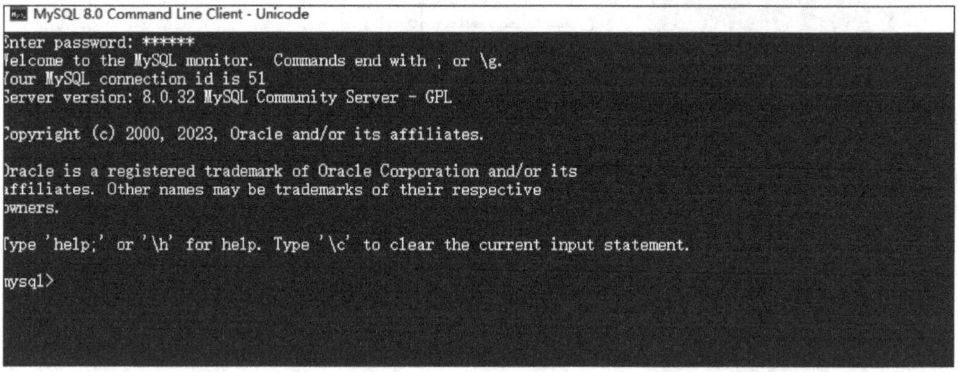

图 5-17　测试连接

如果数据库未安装成功，则需要找到 MySQL 的安装路径，并在计算机的系统高级设置中配置环境变量，如图 5-18 所示。

2. 用 pymysql 库操作 MySQL 数据库

pymysql 库是在 Python 中操作数据库的一个第三方库。因此，除了掌握 SQL 语句外，还要掌握 pymysql 库的操作语法，才能操作 MySQL 数据库。安装 pymysql 库后，输入以下代码导入库。

```
import pymysql
```

在 Python 中执行 SQL 语句的步骤如下。

（1）创建数据库的连接对象。

（2）创建游标对象获取当前游标。

（3）使用游标对象中的 execute() 或 fetchall() 等方法，执行某个 SQL 语句或获取数据。

（4）关闭连接，释放资源。

图 5-18 配置环境变量

对上述步骤的进一步分析如下。

（1）创建连接对象。

在创建数据库的连接对象时，可以输入以下代码，以此获取本机数据库的连接对象。如果服务器不在本机，则需要将 host 设置为服务器的 IP 地址，代码如下。

```
mydb = pymysql.connect(host = "127.0.0.1", user = "wxn", password = "123456")
```

执行以下代码，测试与 MySQL 数据库是否连接成功。

```
import pymysql
try:
    mydb = pymysql.connect(
        host = "127.0.0.1", user = "wxn", password = "123456")
    print("wxndb 连接成功")
except Exception as err:
    print("wxndb 连接失败")
```

（2）获取游标。

从字面上理解，游标是指流动的标志。使用游标功能，可以存储 SQL 语句的执行结果，并提供一个游标接口给用户。在需要获取数据时，可以直接从游标中获取。

创建游标对象 mycursor，并获取当前数据库对象的游标，代码如下。

```
cursor = mydb.cursor()
```

（3）使用游标方法执行 SQL 语句或获取数据。

游标的常用方法有 execute(SQL 语句)、fetchone()、fetchall()等。

① 用 execute() 可以执行 SQL 语句, 执行后要用 commit() 进行提交。

② 用 fetchone() 可以获取一条数据, 用 fetchall() 可以获取所有数据。这两个函数主要是用于将获取到的数据赋值给变量, 便于之后的调用。

(4) 关闭连接。

在数据库操作结束后, 断开数据库并释放资源, 代码如下。

```
cursor.close()
```

3. 基础操作案例

创建旅游系统数据库(data base), 其中包含 5 个表, 分别是游客表(身份证号、姓名、年龄、籍贯、手机号、家庭人数)、景点表(景点编号、景点名称、景点位置、旅游荐点)、项目表(项目编号、项目名称、项目标价、折扣价)、景点项目表(景点编号、项目编号)、游客旅游表(游客编号、景点编号、项目编号、旅游时间、消费金额、同行人数、交通方式、旅游形式)。创建成功后录入数据, 查看数据库中的内容, 并删除数据库。

该案例的实现步骤如下。

(1) 导入 pymysql 库并获取账户连接。

```
import pymysql
#准备工作:获取账户连接
myconn = pymysql.connect(host = "127.0.0.1", user = "wxn", password = "123456")
```

(2) 创建数据库。

```
#定义 SQL 语句
sql1 = '''
create database if not exists toursys'''
#获取游标
mycursor = myconn.cursor()
#执行 SQL 语句
mycursor.execute(sql1)
```

(3) 获取数据库的连接对象。

```
myconn = pymysql.connect(host = "127.0.0.1", user = "wxn", password = "123456", database = "toursys")
```

(4) 创建 5 个数据表。

```
#第 1 个:游客表
sql1 = '''create table if not exists ykb(ykbh varchar(18) primary key, sfzh varchar(18), xm
varchar(10), nl varchar(3), jg varchar(10), sj char(11), jtrs varchar(3))'''
mycursor = myconn.cursor()
mycursor.execute(sql1)
#第 2 个:景点表
sql2 = '''create table if not exists jdb(jdbh varchar(18) primary key, jdmc varchar(18), jdwz
varchar(18), lyjd varchar(10))'''
mycursor = myconn.cursor()
mycursor.execute(sql2)
```

```
#第3个:项目表
sql3 = '''create table if not exists xmb(xmbh varchar(18) primary key,xmmc varchar(18),xmbj
varchar(10),zkj varchar(10))'''
mycursor = myconn.cursor()
mycursor.execute(sql3)
#第4个:景点项目表
sql4 = '''create table if not exists jdxmb(jdbh varchar(18),xmbh varchar(18),primary key(jdbh,
xmbh))'''
mycursor = myconn.cursor()
mycursor.execute(sql4)
#第5个:游客旅游表
sql5 = '''create table if not exists yklyb(ykbh varchar(18),jdbh varchar(18),xmbh varchar(18),
lysj date,xfje varchar(10),yxrs varchar(3),jtfs varchar(10),lyxs char(11))'''
mycursor = myconn.cursor()
mycursor.execute(sql5)
```

(5) 插入数据。

```
#第1个:游客表
sqlin1 = '''insert into ykb values( % s, % s, % s, % s, % s, % s, % s)'''
# try:
mycursor. execute ( sqlin1, [ " 1001 "," 500114233533332312 "," 张 三 "," 20 "," 重 庆 ",
"18688888888","5"])
mycursor. execute ( sqlin1, [ " 1002 "," 500114233533332322 "," 李 四 "," 25 "," 成 都 ",
"18688888888","10"])
mycursor. execute ( sqlin1, [ " 1003 "," 500114233533332332 "," 王 五 "," 40 "," 西 藏 ",
"18688888888","3"])
myconn.commit()
# except:
    print('插入数据失败')
#第2个:景点表
sqlin2 = '''insert into jdb values( % s, % s, % s, % s)'''
try:
    mycursor.execute(sqlin2,["CQ001","动物园","重庆主城","亲子游"])
    mycursor.execute(sqlin2,["CQ002","黔江濯水古镇","重庆黔江","周边游"])
    mycursor.execute(sqlin2,["CQ003","大足石刻","重庆大足","周边游"])
    myconn.commit()
except:
    print('插入数据失败')
#第3个:项目表
sqlin3 = '''insert into xmb values( % s, % s, % s, % s)'''
try:
    mycursor.execute(sqlin3,["DWY001","门票",25,25])
    mycursor.execute(sqlin3,["ZS001","游船",75,50])
    myconn.commit()
except:
    print('插入数据失败')
#第4个:景点项目表
sqlin4 = '''insert into jdxmb values( % s, % s)'''
```

```
try:
    mycursor.execute(sqlin4,["CQ001","DWY001"])
    mycursor.execute(sqlin4,["CQ001","DWY002"])
    myconn.commit()
except:
    print('插入数据失败')
#第5个:游客旅游表
sqlin5 = '''insert into yklyb values(%s,%s,%s,%s,%s,%s,%s,%s)'''
mycursor.execute(sqlin5,["yk0001","CQ001","DWY001","2023.5.1","100",4,"汽车","自驾"])
mycursor.execute(sqlin5,["yk0001","CQ002","DWY001","2023.5.2","300",3,"火车+大巴","跟团"])
myconn.commit()
```

（6）查询数据。

```
myconn = pymysql.connect(host="127.0.0.1",user="wxn",password="123456",database='toursys')
mycursor = myconn.cursor()
#全表查询
sqlsel1 = '''select * from ykb;'''
mycursor.execute(sqlsel1)
myconn.commit()
#获取一条数据
result1 = mycursor.fetchone()
print(result1)
#获取所有数据
data = mycursor.fetchall()
print(data)
#将数据转换为DataFrame
from pandas import DataFrame
df = DataFrame(data)
print(df)
```

（7）删除数据库。

```
sql4 = "drop database toursys;"
mycursor.execute(sql4)
myconn.commit()
```

（8）关闭连接。

```
myconn.close()
```

在 PyCharm 中的输出结果如下，查询的是游客表的所有信息。

	0	1	2	3	4	5	6
0	1001	5001142335333332312	张三	20	重庆	18688888888	5
1	1002	5001142335333332322	李四	25	成都	18688888888	10
2	1003	5001142335333332332	王五	40	西藏	18688888888	3

在 MySQL 程序的执行过程中,输入"show databases"可以查看所有的数据库,输入
"use toursys"可以选择 toursys 数据库,输入"select * from ykb"可以查看游客表的信息。
数据库写入结果如图 5-19 所示。

```
mysql> use toursys;
Database changed
mysql> select * from ykb;
+-------+--------------------+------+------+------+-------------+------+
| ykbh  | sfzh               | xm   | nl   | jg   | sj          | jtrs |
+-------+--------------------+------+------+------+-------------+------+
| 1001  | 5001142335333332312 | 张三 | 20   | 重庆 | 18688888888 | 5    |
| 1002  | 5001142335333332322 | 李四 | 25   | 成都 | 18688888888 | 10   |
| 1003  | 5001142335333332332 | 王五 | 40   | 西藏 | 18688888888 | 3    |
+-------+--------------------+------+------+------+-------------+------+
3 rows in set (0.00 sec)

mysql> select * from xmb;
+--------+-------+------+------+
| xmbh   | xmmc  | xmbj | zkj  |
+--------+-------+------+------+
| DWY001 | 门票  | 25   | 25   |
| ZS001  | 游船  | 75   | 50   |
+--------+-------+------+------+
2 rows in set (0.00 sec)
```

图 5-19　数据库写入结果

5.4.6　应用案例

案例实现效果:爬取携程网上前 5 页的重庆景点信息(景点名称、景点地址、景点热度、
点评分数、景点点评数),以及每个景点的点评信息(用户名、点评内容、点评分数、点评时间、
IP 属地),将这些信息插入 MySQL 数据库并对数据库进行查询。

由于爬取数据较多,因此需要先将爬取到的数据存储为 CSV 文件。为了便于初学者理
解,又将 CSV 文件转换为 XLSX 文件,用 Excel 软件进行查看。然后创建数据库和数据表,
读取 XLSX 文件中的数据并将其存入数据库,以此实现对数据库中的表信息进行查看。

1. 爬取数据

(1) 爬取景点信息。

爬取景点信息的代码如下。

```python
import requests
import time
from selenium import webdriver
from selenium.webdriver import ActionChains
from selenium.webdriver.common.by import By
from bs4 import BeautifulSoup
if __name__ == '__main__':
    # 通过观察网页,生成景点信息前 5 页的网址
    headers = {'user-agent': 'Mozilla/5.0 (Windows NT 10.0; Win64; x64) AppleWebKit/537.36
(KHTML, like Gecko) Chrome/101.0.4951.54 Safari/537.36'}
    url_list = []
    for x in range(1,6):
        url = 'https://you.ctrip.com/sight/chongqing158/s0-p{0}.html#sightname'.format(x)
        url_list.append(url)
    # 开始爬取景点信息
    i = 1
```

```python
#将信息组合成字典,再存入列表,为存储做准备
list1 = []
for base_url in    url_list:
    print('======== 开始爬取第{0}页信息,共计 10 个景点 ======== '.format(i))
    #添加 2s 延时
    time.sleep(2)
    res = requests.get(base_url, headers = headers)
    res.encoding = res.apparent_encoding
    soup = BeautifulSoup(res.text, 'lxml')
    res = soup.find_all(class_ = 'list_mod2')
    for x in res:
        #景点名称
        res1 = x.find_all('a')
        #景点地址
        res2 = x.find_all(class_ = 'ellipsis')
        #景点热度
        res3 = x.find_all(class_ = 'hot_score_number')
        #点评分数
        res4 = x.find_all(class_ = 'score')
        #景点点评数
        res5 = x.find_all(class_ = 'recomment')
        #景点链接
        res6 = x.find_all(class_ = 'recomment')
        #显示信息
        print('-' * 30)
        print('景点链接:', res1[0]['href'])
        print('景点名称:',res1[1].string.strip())
        print('景点地址:',res2[0].string.strip())
        print('景点热度:',res3[0].string.strip())
        print('点评分数:',res4[0].find_all('strong')[0].string.strip().strip('()条点评'))
        print('景点点评数:',res5[0].string.strip())
        #将数据存入字典后,加入列表中
        dist1 = {}
        dist1['景点链接'] = res1[0]['href']
        dist1['景点名称'] = res1[1].string.strip()
        dist1['景点地址'] = res2[0].string.strip()
        dist1['景点热度'] = res3[0].string.strip()
        dist1['点评分数'] = res4[0].find_all('strong')[0].string.strip()
        dist1['景点点评数'] = res5[0].string.strip().strip('()条点评')
        time.sleep(0.4)
        list1.append(dist1)
        time.sleep(0.4)
    print('======== 第{0}页信息,爬取完成 ======== '.format(i))
    i = i + 1
print('======== 景点信息前 5 页信息,爬取完成 ======== '.format(i))
```

(2) 爬取景点评论。

爬取景点评论的代码如下。

```python
list2 = []
for x in list1:
    base_url = x['景点链接']
```

```python
jd_name = x['景点名称']
print(" ======== 开始爬取({0})景点的评论 ===== ".format(jd_name))
options = webdriver.FirefoxOptions()
#设置浏览器为 headless 无界面模式
options.add_argument(" -- headless")
options.add_argument(" -- disable - gpu")
#打开浏览器处理,注意浏览器无显示
browser = webdriver.Firefox(options = options)
browser.get(base_url)
print("正在获取数据……请稍等…….")
time.sleep(2)
#循环获取 5 页评价
for x in range(1):
    print("第{0}页数据加载中,请稍等……".format(x + 1))
    time.sleep(5)
    print('-------- 正在获取第{0}页数据 -------- '.format(x + 1))
    url1 = browser.current_url
    res = browser.page_source
    soup = BeautifulSoup(res, 'lxml')
    res = soup.find_all(class_ = 'commentItem')
    print(len(res))
    for x in res:
        #用户名
        result1 = x.find_all(class_ = 'userName')
        #评分
        result2 = x.find_all(class_ = 'averageScore')
        #评语
        result3 = x.find_all(class_ = 'commentDetail')
        #点评时间
        l2 = x.find_all(class_ = 'commentTime')
        # IP 属地
        l3 = x.find_all(class_ = 'ipContent')
        print('用户名:', result1[0].string, '点评时间:',l2[0].text[0:10], l3[0].text,
'评分:',result2[0].text[0:3] , '评语:',result3[0].string)
        dist2 = {}
        dist2['景点名称'] = jd_name
        dist2['用户名'] = result1[0].string
        dist2['点评时间'] = l2[0].text[0:10]
        dist2['IP 属地'] = l3[0].text[5:]
        dist2['评分'] = result2[0].text[0:3]
        dist2['评语'] = result3[0].string
        list2.append(dist2)
    #换页操作
    #获取底部下一页
    canzhao = browser.find_elements(By.CLASS_NAME, 'seotitle1')
    nextpage = browser.find_elements(By.CLASS_NAME,'ant - pagination - item - comment')
    time.sleep(2)
    #移动到元素 element 对象的"顶端"与当前窗口的"底部"对齐
    browser.execute_script("arguments[0].scrollIntoView(false);", canzhao[0])
    time.sleep(2)
    #鼠标移至下一页
    ActionChains(browser).move_to_element(nextpage[1]).perform()
    time.sleep(2)
```

```
        #鼠标单击下一页
        nextpage[1].click()
        time.sleep(4)
    #数据爬取完成,关闭浏览器
    print('-------- 获取数据完成 --------')
    time.sleep(4)
    browser.close()
```

2. 存储数据

（1）将数据存储为 CSV 文件。

将数据存储为 CSV 文件的代码如下。

```
import pandas as pd
#将数据保存到 CSV 文件中
df1 = pd.DataFrame(list1)
df1.to_csv('景点数据表.csv)
df2 = pd.DataFrame(list2)
df2.to_csv('景点点评表.csv)
print('---- 爬取的景点信息,存储到文件中 ----')
```

（2）将 CSV 文件转换为 Excel 文件。

将 CSV 文件转换为 Excel 文件的代码如下。

```
import pandas as pd
jd = pd.read_csv('景点数据表.csv',index_col = False, encoding = 'utf - 8')
dp = pd.read_csv('景点点评表.csv',index_col = False, encoding = 'utf - 8')
#将 CSV 文件转换为 Excel 文件,并将数据保存在创建的表格 data 中
jd.index = jd.index + 1
dp.index = dp.index + 1
jd.to_excel('景点数据表.xlsx',index_label = '景点编号',columns = ['景点链接','景点名称','景点
地址','景点热度','点评分数','景点点评数'])
dp.to_excel('景点点评表.xlsx',index_label = '评价编号',columns = ["景点名称","用户名","评价
时间","IP 属地","评分","评语"])
```

3. 存入数据库

（1）从 XLSX 文件中读取数据。

从 XLSX 文件中读取数据的代码如下。

```
import pandas as pd
list1 = pd.read_excel('景点数据表.xlsx')
list2 = pd.read_excel("景点点评表.xlsx")
```

（2）获取连接。

获取连接的代码如下。

```
#获取到 database 的连接对象
print(' = ' * 40)
print('将爬取到的数据插入 MySQL 数据库')
print(' = ' * 40)
```

```
import pymysql
myconn = pymysql.connect(host = "127.0.0.1", user = "wxn", password = "123456")
```

（3）创建数据库。

创建数据库的代码如下。

```
# 创建数据库
sql_crate = '''create database if not exists toursys'''
mycursor = myconn.cursor()
mycursor.execute(sql_crate)

# 获取到 database 的连接对象
myconn = pymysql.connect(host = "127.0.0.1", user = "wxn", password = "123456", database =
'toursys')
```

（4）创建数据表。

创建数据表的代码如下。

```
# 创建数据表(景点信息表,景点点评表)
sql1 = '''create table    if not exists jdxxb(id int primary key auto_increment,jdname varchar
(100), jdlj varchar(100), jdaddress varchar(100), jdhot varchar(20), jdscore varchar(20),
jdnumber varchar(20))'''
mycursor = myconn.cursor()
mycursor.execute(sql1)
sql2 = '''create table    if not exists jddpb(id int primary key auto_increment,jdname varchar
(100), pname varchar(100), content varchar(160), score varchar(20), dptime varchar(20), ip
varchar(100))'''
mycursor = myconn.cursor()
mycursor.execute(sql2)
```

（5）插入数据。

插入数据的代码如下。

```
# 将数据存入 MySQL 数据库
print(' = ' * 40)
print('查看存入 MySQL 数据库的数据')
print(' = ' * 40)
# 添加数据
sql3 = '''insert into jdxxb(id,jdname,jdlj,jdaddress,jdhot,jdscore,jdnumber) values(Null, % s,
% s, % s, % s, % s, % s)'''
for x in range(len(list1['景点名称'])):
    try:
        mycursor.execute(sql3,[list1['景点名称'][x],list1['景点链接'][x],list1['景点地址']
[x],str(list1['景点热度'][x]),str(list1['点评分数'][x]),str(list1['景点点评数'][x])])
        print(list1['景点名称'][x],'数据插入成功')
        myconn.commit()
    except:
        print(list1['景点名称'][x],' == 景点信息 == 插入数据失败')
sql4 = '''insert into jddpb(id, jdname, pname, content, score, dptime, ip) values(Null, % s, % s,
% s, % s, % s, % s)'''
```

```
for y in range(len(list2['景点名称'])):
    try:
        mycursor.execute(sql4,[list2['景点名称'][y],list2['用户名'][y],list2['评语'][y],
list2['评分'][y],list2['评价时间'][y],list2['IP属地'][y]])
        print(list2['景点名称'][y],'数据插入成功')
        myconn.commit()
    except:
        print(list2['景点名称'][y],'-- 景点评价信息 -- 插入数据失败')
```

4. 查询数据库

（1）查询数据库中的景点信息。

查询数据库中的景点信息的代码如下。

```
sql5 = '''select * from jdxxb;'''
mycursor.execute(sql5)
myconn.commit()
# 获取所有数据
data = mycursor.fetchall()
print(data)
```

景点信息查询结果如图 5-20 所示，所有的景点信息输出成功。

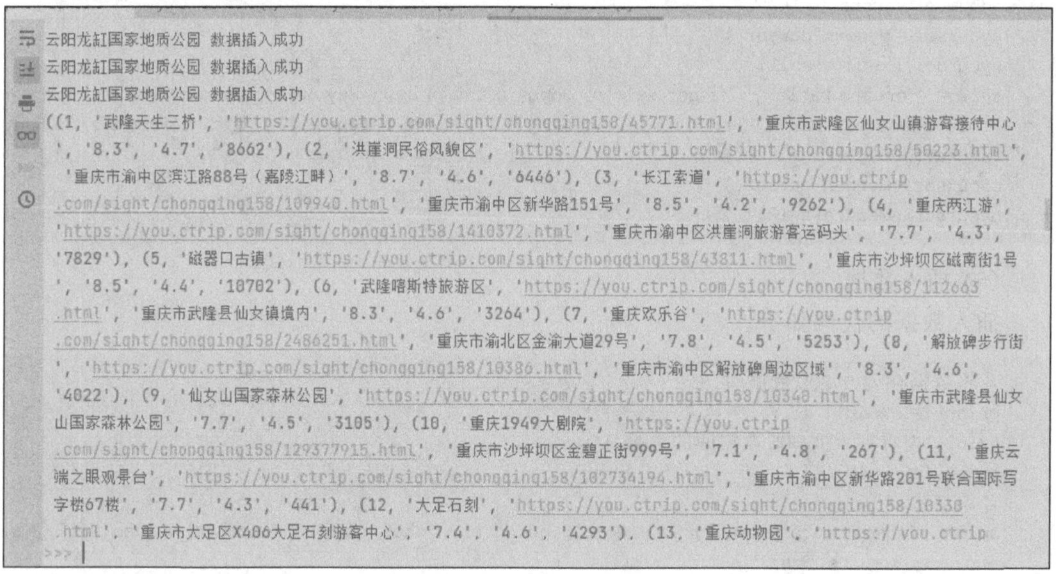

图 5-20　景点信息查询结果

（2）查询数据库中的评价信息。

查询数据库中的评价信息的代码如下。

```
sql6 = '''select * from jddpb;'''
mycursor.execute(sql6)
myconn.commit()
# 获取所有数据
data1 = mycursor.fetchall()
```

```
print(data1)
# 关闭连接
myconn.close()
```

点评信息查询结果如图 5-21 所示。

分 ', '2022-07-21', '陕西'), (1292, '皇冠大扶梯', '大行长', '很值得一去, 性价比很高, 单程只需两块钱, 来回才四块, 这可是中国最大的一级提升旅度大扶梯, 2017年还入选世界十大最具特色自动扶梯, 来过这里别忘了看看墙上的文字, 能让你了解到以前重庆人民的坚韧。', '5分 ', '2021-07-05', '未知'), (1293, '云阳龙缸国家地质公园', '_WeCh****892752', '来了一次还想来的好地方, 山清水秀, 好看好玩的都多, 今天第一天, 才玩一半, 明天还有一天玩另一半', '5分 ', '2023-03-14', '重庆'), (1294, '云阳龙缸国家地质公园', '游到啥时才是头', '还可以吧, 交通欠差, 散心, 徒步可以的, 但重复的可玩性差, 攀岩运动性价比不错, 见意大点的孩子都可以去破破胆', '4分 ', '2023-03-10', '云南'), (1295, '云阳龙缸国家地质公园', 'ᏛDear.Liu先森', '从入园人数就可以看出景区的热门程度, 景区的安排还是很合理, 龙缸很壮美, 临崖栈道很刺激, 特别是玻璃那一段。游玩的那些项目也很刺激, 不错, 值得一游。', '5分 ', '2023-01-26', '重庆'), (1296, '云阳龙缸国家地质公园', 'guy****n520', '项目刺激, 龙缸震撼', '5分 ', '2023-01-26', '湖北'), (1297, '云阳龙缸国家地质公园', '向往旅行的小桃子', '很好, 风景很美! ', '5分 ', '2023-01-25', '重庆'), (1298, '云阳龙缸国家地质公园', '_WeCh****098648', '从进园到出园一起用了4小时, 总体来说惊险刺激, 每个景点服务及谅解非常nice。停车场车位很多, 唯一缺点就是山路十八弯, 路上耗费时间太长。', '5分 ', '2023-01-23', '重庆'), (1299, '云阳龙缸国家地质公园', '206****119', '态度真的很好, 提前一天告诉我们疫情防控须知~到了景区工作人员态度也很好, 热情有礼~\n目前到景区暂时没有高速, 是不太方便~高速通了会好很多~\n景区自然风光不错~还有一些自费刺激项目, 因为天气原因没有开, 但了解了一下还不错~\n挺值得过来玩~ 云阳县城区也干净整洁, 不错的~', '5分 ', '2022-09-25', '重庆'), (1300, '云阳龙缸国家地质公园', '天天爹', '还是非常有特点, 现在升了5A景区, 能玩一天。', '4分 ', '2023-02-19', '重庆'), (1301, '云阳龙缸国家地质公园', 'M51****7543', '超级好玩, 好看! ! ', '5分 ', '2023-02-01', '重庆'), (1302, '云阳龙缸国家地质公园', 'M44****6106', '很满意的一次景点', '5分 ', '2023-01-23', '重庆'))

图 5-21　点评信息查询结果

第6章

数据处理与分析

在获取到数据并进行存储后,接下来要对这些数据进行处理与分析。对数字数据的处理分析主要涉及 NumPy 库和 Pandas 库的操作,对中文文本数据的分析主要使用 jieba 库。本章将对数据处理与分析库、文本分析库、词云库等进行详细介绍。

6.1 NumPy 库

NumPy 库是一个开源的 Python 科学计算基础库,也是一个第三方库。它拥有强大的 N 维数组对象 ndarray,支持大量高维度数组与矩阵运算,提供了全面的数学函数、随机数生成器、线性代数例程、傅里叶变换等计算功能。NumPy 库是构建 Pandas 库的基础库。安装 NumPy 库仍然是采用命令行方式和菜单方式,安装后输入以下代码导入库。

```
import numpy as np
```

6.1.1 创建数组

创建数组的格式是 np. array(object,[dtype,copy,order,subok,ndmin]),其各参数说明如表 6-1 所示。

表 6-1　array 的参数及功能说明

参数名	功 能 说 明
object	设置数组或嵌套的数列
dtype	设置数组元素的数据类型,可选参数
copy	设置对象是否需要复制,可选参数
order	创建数组的方式,C 为行,F 为列,A 为任意方向,默认为 A
subok	默认返回一个与基类类型相同的数组,可选参数
ndmin	指定生成数组的最小维度,可选参数

创建数组的常用方法如下。

1. 通过列表创建

通过列表创建数组的示例如下。

(1) np. array([1,2,3]),创建一个 1 行 3 列的一维数组,输出内容如下。

```
[1 2 3]
```

（2）np. array（[（1，2，3），（4，5，6）]），创建一个 2 行 3 列的二维数组，输出内容如下。

```
[[1 2 3]
 [4 5 6]]
```

2. 通过函数创建

通过函数创建数组的示例如下。

（1）np. zeros（（3，4）），创建一个 3 行 4 列的数组元素全为 0 的二维数组，输出内容如下。

```
[[0  0  0  0]
 [0  0  0  0]
 [0  0  0  0]]
```

（2）np. ones（（2，3，4）），创建 2 个 3 行 4 列的数组元素全为 1 的三维数组，输出内容如下。

```
[[[1  1  1  1]
  [1  1  1  1]
  [1  1  1  1]]
 [[1  1  1  1]
  [1  1  1  1]
  [1  1  1  1]]]
```

（3）np. full（（3，4），5），创建一个 3 行 4 列的数组元素全为 5 的二维数组，输出内容如下。

```
[[5 5 5 5]
 [5 5 5 5]
 [5 5 5 5]]
```

（4）np. arange（5），创建一个数组元素为 0～4 的一维数组，输出内容如下。

```
[0 1 2 3 4]
```

（5）np. arange（10,100,2），创建一个数组元素为 10（包含）～100（不包含）的差为 2 的等差数组，输出内容如下。

```
[10 12 14 16 18 20 22 24 26 28 30 32 34 36 38 40 42 44 46 48 50 52 54 56 58 60 62 64 66 68 70 72 74
76 78 80 82 84 86 88 90 92 94 96 98]
```

（6）np. arange（6）. reshape（2，3），创建一个以 2 行 3 列排列显示的数组元素为 0～5 的二维数组，输出内容如下。

```
[[0 1 2]
 [3 4 5]]
```

（7）np. eye（5），创建一个对角线为 1 且其他数据元素全为 0 的 5 行 5 列的数组，输出内容如下。

```
[[1 0 0 0 0]
 [0 1 0 0 0]
 [0 0 1 0 0]
 [0 0 0 1 0]
 [0 0 0 0 1]]
```

（8）np.random.rand(2,3)，创建一个 2 行 3 列的数组，其数据元素为 0～1 的随机数，输出内容如下。

```
[[0.07258296 0.10408683 0.35875178]
 [0.99330503 0.92169751 0.48383638]]
```

注意：程序每次执行结果不同。

（9）np.random.rand(2,3,5)，创建 2 个 3 行 5 列的数组，其数据元素为 0～1 的随机数，输出内容如下。

```
[[[0.31313089 0.58646794 0.65659692 0.01648114 0.77183151]
  [0.47130061 0.51036771 0.02942454 0.04842462 0.69749734]
  [0.18510508 0.05877817 0.36692918 0.3525523 0.59733213]]
 [[0.5468484 0.74986842 0.58541505 0.32297673 0.82118661]
  [0.58084269 0.22706797 0.03679057 0.91429818 0.43966872]
  [0.71702464 0.56773424 0.69812915 0.05960711 0.50971799]]]
```

注意：程序每次执行结果不同。

（10）np.random.randint(10,size =(2,3))，创建一个 2 行 3 列的二维数组，其数据元素为小于 10 的随机整数，输出内容如下。

```
[[4 0 2]
 [7 7 3]]
```

注意：程序每次执行结果不同。

6.1.2 数组的常用属性

数组的常用属性有形状、数据类型、元素个数和维度。数组的常用数据类型如表 6-2 所示。

表 6-2　数组的常用数据类型

数据类型	说　明	数据类型	说　明
int_	默认整型	float_	float64 的简写形式
intc	等价于 long 的整型	float16	半精度浮点型（2 字节）：1 符号位＋5 位指数＋10 位小数部分
int8	字节整型，1 字节，范围：$[-128, 127]$	float32	单精度浮点型（4 字节）：1 符号位＋8 位指数＋23 位小数部分
int16	整型，2 字节，范围：$[-32768, 32767]$	float64	双精度浮点型（8 字节）：1 符号位＋11 位指数＋52 位小数部分
int32	整型，4 字节，范围：$[-2^{31}, 2^{31}-1]$	complex_	complex128 简写形式
int64	整型，8 字节，范围：$[-2^{63}, 2^{63}-1]$	complex64	复数，由两个 32 位的浮点数来表示

续表

数据类型	说　明	数据类型	说　明
unit8	无符号整型,1 字节,范围:[0, 255]	complex128	复数,由两个 64 位的浮点数来表示
unit16	无符号整型,2 字节,范围:[0, 65535]	object	Python 对象类型
unit32	无符号整型,4 字节,范围:[0,2^{32} −1]	String_	固定长度的字符串类型(每个字符为 1 字节)。例如,要创建一个长度为 8 的字符串,则应该使用 S8
unit64	无符号整型,8 字节,范围:[0, 2^{64} −1]	Unicode_	固定长度的 Unicode 类型的字符串(每个字符串占用字节数由平台决定),长度定义类似 String_类型
bool_	以 1 字节存储的布尔值(True 或 False)		

下面介绍对数组属性的两种操作。

1. 查看数组属性

查看数组属性的代码如下。

```
arr1 = np.array([10,25,35,40,50],dtype = float)
arr2 = np.array([[10,25],[35,40],[20,50]])
print(arr2.shape)      ♯数组的形状
print(arr1.dtype)      ♯数组的数据类型
print(arr2.size)       ♯数组中元素的个数
print(arr2.ndim)       ♯数组的维度
```

输出结果如下。

```
(3, 2)
float64
6
2
```

2. 数据类型转换

数据类型的转换函数为 astype(),转换后要重新赋值到原数组,数据类型的更改才会生效。数据类型转换的代码如下。

```
arr1 = np.array([10,25,35,40,50],dtype = float)
arr1 = arr1.astype(int)
print(arr1.dtype)
```

输出结果如下。

```
int32
```

6.1.3　数组计算

数组计算通常可以分为以下两类。

1. 数组内计算

数组的常用函数如表 6-3 所示。

表 6-3　数组的常用函数

函　数　名	含　　义	函　数　名	含　　义
np. sum()	求和	np. sqrt()	开方
np. prod()	所有元素相乘	np. min()	最小值
np. mean()	平均值	np. max()	最大值
np. std()	标准差	np. argmin()	最小数的下标
np. var()	方差	np. argmax()	最大数的下标
np. median()	中数	np. inf()	无穷大
np. power()	幂运算	np. tile()	数组拼贴
np. sort()	排序	np. unique()	数组去重

下面介绍数组内计算的几种操作。

（1）求和。

① 一维数组求和，代码如下。

```
arr1 = np.array([10, 25, 35, 40, 50])
print(np.sum(arr1))
```

输出结果如下。

```
160
```

② 二维数组在水平方向上求和，代码如下。

```
arr2 = np.array([[10,25],[35,40]])
print(np.sum(arr2,axis = 0))    axis = 0 表示水平方向
```

输出结果如下。

```
[45 65]
```

③ 二维数组在垂直方向上求和，代码如下。

```
arr2 = np.array([[10,25],[35,40]])
print(np.sum(arr2,axis = 1))    axis = 1 表示垂直方向
```

输出结果如下。

```
[35 75]
```

（2）求平均。

求平均的代码如下。

```
arr2 = np.array([[10,25],[35,40]])
print(np.mean(arr2,axis = 0))  #axis = 0  表示在水平方向上求平均.如果是一维数组,则直接求平均
```

输出结果如下。

```
[22.5 32.5]
```

（3）数组拼贴。

数组拼贴的代码如下。

```
arr2 = np.array([[10,25],[35,40],[20,50]])
print(np.tile(arr2,(1,2)))    #将 arr2 数组按横向 1 份、纵向 2 份的方式进行拼贴
```

输出结果如下。

```
[[10 25 10 25]
 [35 40 35 40]
 [20 50 20 50]]
```

（4）数组转置。

数组转置的代码如下。

```
print(arr2.T)    #将 arr2 数组进行转置,由原来的 3 行 2 列变为 2 行 3 列
```

输出结果如下。

```
[[10 35 20]
 [25 40 50]]
```

（5）数组排序。

数组排序的代码如下。

```
arr2 = np.array([[10,25],[35,40],[20,50]])
print(arr2)
print(np.sort(arr2,axis = 0))    #按行排序
```

输出结果如下。

```
[[10 25]
 [35 40]
 [20 50]]    #原始数组
[[10 25]
 [20 40]
 [35 50]]    #排序后的数组
```

（6）数组去重。

数组去重的代码如下。

```
arr1 = np.array([10,25,35,25,50])
arr0 = np.unique(arr1)
print(arr0)    #在新数组 arro 中去除重复值 25
```

输出结果如下。

```
[10 25 35 50]
```

2. 数组间计算

下面介绍数组间计算的几种操作。

（1）数组加减乘除。

① 一组数组求和，代码如下。

```
arr1 = np.array([[10,25,35,40,50])
arr3 = np.array([3,7,9,11,19])
print(arr1 + arr3)  #对应位置相加
```

输出结果如下。

```
[13 32 44 51 69]
```

② 二维数组求商，代码如下。

```
arr2 = np.array([[10,25],[35,40],[20,50]])
arr4 = np.array([[2,3],[4,5],[2,6]])
print(arr2/arr4)  #用 arr2 除以 arr4,将对应位置的数字相除
```

输出结果如下。

```
[[ 5          8.33333333]
 [ 8.75       8          ]
 [10          8.33333333]]
```

（2）数组组合。

① 用 vstack()可以实现两个数组的水平拼接，代码如下。

```
arr1 = np.array([[10,25],[35,40],[20,50]])
arr2 = np.array([["a","b"],["c","d"],["e","f"]])
arr3 = np.vstack([arr1,arr2])
print(arr3)  #将 arr1 和 arr2 进行水平拼接后赋值给 arr3
```

输出结果如下。

```
[['10' '25']
 ['35' '40']
 ['20' '50']
 ['a' 'b']
 ['c' 'd']
 ['e' 'f']]
```

② 用 hstack()可以实现两个数组的垂直拼接，代码如下。

```
arr1 = np.array([[10,25],[35,40],[20,50]])
arr2 = np.array([["a","b"],["c","d"],["e","f"]])
arr3 = np.hstack([arr1,arr2])
print(arr3)  #将 arr1 和 arr2 进行垂直拼接后赋值给 arr3
```

输出结果如下。

```
[['10' '25' 'a' 'b']
 ['35' '40' 'c' 'd']
 ['20' '50' 'e' 'f']]
```

③ 用 concatenate() 可以实现数组的拼接,代码如下。

```
arr1 = np.array([[10,25],[35,40],[20,50]])
arr2 = np.array([["a","b"],["c","d"],["e","f"]])
arr3 = np.concatenate([arr1,arr2],axis = 0)
print(arr3)
```

以上代码将实现两个数组的水平拼接,效果等同于 vstack()。如果将 axis 改为 1,则可以实现 hstack() 的垂直拼接。

(3)矩阵计算。

矩阵计算的代码如下。

```
arr2 = np.array([[10,25],[35,40],[20,50]])
arr4 = np.array([[2,3],[4,5],[2,6]])
print(np.mat(arr2) * np.mat(arr4).T)
```

arr2 是 3 行 2 列的数组,arr4 也是 3 行 2 列的数组,如果作为矩阵运算,则是不符合运算规则的。因此,将 arr4 转置为 2 行 3 列的数组,用 mat() 函数将数组转换为矩阵进行计算,相乘后得到 3 行 3 列的矩阵,输出结果如下。

```
[[ 95 165 170]
 [190 340 310]
 [190 330 340]]
```

6.1.4 索引与切片

下面介绍索引与切片的几种操作。

1. 获取单个值

获取单个值的代码如下。

```
arr1 = np.array([10,25,35,40,50])
print(arr1[3])    #数组与列表类似,arr1[3]表示获取第 3 位的值
```

输出结果如下。

```
40
```

```
arr2 = np.array([[10,25],[35,40],[20,50]])
print(arr2[2,1])    #表示获取第 2 行第 1 列的值,行号和列号均以 0 开始编号
```

输出结果如下。

```
50
```

2. 获取某个范围的值

获取某个范围的值的代码如下。

```
arr1 = np.array([10,25,35,40,50])
print(arr1[:3])    #获取第 0~3 位的值,注意不包括第 3 位
```

输出结果如下。

```
[10 25 35]
```

```
arr2 = np.array([[10,25],[35,40],[20,50]])
print(arr2[1:3, -2])    #表示输出第 1 行和第 2 行(从第 0 行起数)上对应的倒数第 2 列的值
```

输出结果如下。

```
[35 20]
```

3. 获取满足某个条件的值

获取满足某个条件的值的代码如下。

```
arr2 = np.array([[10,25],[35,40],[20,50]])
print(arr2[arr2 > 30])    #输出大于 30 的元素值
```

输出结果如下。

```
[35 40 50]
```

4. 花式索引

花式索引是指利用指定顺序的整数列表进行索引,代码如下。

```
arr2 = np.array([[10,25],[35,40],[20,50]])
print(arr2[[2,1,2]])    #按第 2 行、第 1 行、第 2 行的顺序输出数组
```

输出结果如下。

```
[[20 50]
 [35 40]
 [20 50]]
```

如果要按指定元素输出,则输入每个元素的位置即可。例如:

```
print(arr2[[2,1],[1,1]])    #按元素输出第 2 行第 1 列和第 1 行第 1 列的两个数
```

输出结果如下。

```
[50 40]
```

5. 布尔索引

布尔索引是指利用逻辑值进行索引,代码如下。

```
arr1 = np.array([10,25,35,40,50])
bol1 = [True,False,True,False,False]
print(arr1[bol1])    #扫视 bol1 中的 True 的位置,输出对应的元素
```

输出结果如下。

```
[10 35]
```

对二维数组进行布尔索引可以按行或列选择索引项。例如：

```
bol2 = [True,False,True,]
arr2 = np.array([[10,25],[35,40],[20,50]])
print(arr2[bol2,:])    #按行进行索引,输出 bol2 中 True 对应的行
```

输出结果如下。

```
[[10 25]
 [20 50]]
```

6.1.5　应用案例

读取"景点信息表.xlsx"中的数据,并分析景点热度和点评情况,代码如下。

```
import numpy as np
import pandas as pd
#读取文件中的数据
list = pd.read_excel(r"景点数据表.xlsx")
#将列表赋值给数组
jd = np.array(list)
#输出 ndrray 对象的形状
print(jd.shape)
#输出 ndrray 对象的元素个数
print(jd.size)
#计算点评分平均值
print(np.mean(jd[:,6]))
#计算景点热度的最大值
print(np.max(jd[:,5]))
#计算景点点评数的标准差
print(np.std(jd[:,6]))
```

输出结果如下。

```
(50, 7)
350
2371.38
4.9
2612.093864239951
```

6.2　Pandas 库

Pandas 库是 Python 数据处理最核心的一个第三方库,它基于数组形式提供了丰富的数据操作,可以对各种数据进行运算和处理,广泛应用在学术、金融、统计学等数据分析领域。Pandas 库的安装及导入方式与前文提到的其他第三方库类似,此处不再赘述。

Pandas 数组结构有一维 Series 类型和二维 DataFrame 类型。

6.2.1　Series 类型结构

1. 创建 Series 类型数据

Series 是一个一维数据结构,它由 index 和 value 组成,类似于 Excel 表格中由行号和

数据组成的一列数据。

（1）用列表创建。

例如，输入以下代码，以列表的形式创建一个数据序列。

```
import pandas as pd
seri1 = pd.Series([2,3,4,4,5],index = ["用户 1","用户 2","用户 3","用户 4","用户 5"],name =
"评价")
print(seri1)
```

输出结果如下。

```
用户 1    2
用户 2    3
用户 3    4
用户 4    4
用户 5    5
Name: 评价, dtype: int64
```

以上案例创建了一个数据序列，并自定义索引为"用户 1、用户 2、用户 3、用户 4、用户 5"。这与列表的不同之处在于增加了 index 索引，并且可以通过 name 参数为数据列命名。

（2）用字典创建。

例如，输入以下代码，以字典的形式创建一组数据。

```
import pandas as pd
seri2 = pd.Series({"用户 1":2,"用户 2":3,"用户 3":4,"用户 4":4,"用户 5":5},name = "评价")
print(seri2)
```

输出结果如下。

```
用户 1    2
用户 2    3
用户 3    4
用户 4    4
用户 5    5
Name: 评价, dtype: int64
```

可以发现，字典与列表所创建的数据具有相同的效果。

（3）用 ndarray 创建。

例如，输入以下代码，以 ndarray 的形式创建数组。

```
import pandas as pd
import numpy as np
seri3 = pd.Series(np.arange(5),index = ["用户 1","用户 2","用户 3","用户 4","用户 5"])
print(seri3)
```

输出结果如下。

```
用户 1    0
用户 2    1
用户 3    2
```

```
用户4      3
用户5      4
dtype: int32
```

2. 查看 Series 属性

Series 的属性有 index 索引、name 数据名称和 value 数据值。

例如,输入以下代码,可以查看 seri1 的索引、数据名称和数据值等属性。

```
import pandas as pd
seri1 = pd.Series([2,3,4,4,5],index = ["用户 1","用户 2","用户 3","用户 4","用户 5"],name =
"评价")
print(seri1.index)
print(seri1.values)
print(seri1.name)
```

输出结果如下。

```
Index(['用户 1', '用户 2', '用户 3', '用户 4', '用户 5'], dtype = 'object')
[2 3 4 4 5]
评价
```

其中,第 1 行是 seri1 中所有的索引号,第 2 行是所有的数值,第 3 行是数据的名称。

3. 索引和切片

对 Series 的索引和切片,与字典和列表的操作类似。

例如,输入以下代码,可以获得相应的数值。

```
import pandas as pd
seri1 = pd.Series([2,3,4,4,5],index = ["用户 1","用户 2","用户 3","用户 4","用户 5"],name =
"评价")
print(seri1)
#输出索引是"用户 2"的值
print(seri1['用户 2'])
#输出索引号是 2 的值
print(seri1[2])
#输出 series 中值大于 4 的数值
print(seri1[seri1 > 4])
#输出索引位置为 3 及以后的数值
print(seri1[3:])
```

输出结果如下。

```
3
4
用户5      5
Name: 评价, dtype: int64
用户4      4
用户5      5
Name: 评价, dtype: int64
```

4. 修改 Series 的值

要修改 Series 的值,可以采用重新赋值的方式进行操作。

例如,输入以下代码,修改 seri1 的索引为"A 用户、B 用户、C 用户、…、E 用户",并修改 B 用户的数值。

```
import pandas as pd
seri1 = pd.Series([2,3,4,4,5],index = ["A用户","B用户","C用户","D用户","E用户"],name =
"评价")
seri1["B用户"] = 10
print(seri1)
```

输出结果如下。

```
A用户    2
B用户    10
C用户    4
D用户    4
E用户    5
Name: 评价, dtype: int64
```

从输出结果可以看到,索引名称更改,B 用户的数值被重新赋值为 10。

6.2.2 DataFrame 类型结构

DataFrame 是一个二维结构,除了拥有 index 和 value 之外,还拥有 column。它类似于一张 Excel 表格,由多行、多列构成。DataFrame 由多个 Series 对象组成,无论是行还是列,单独拆分出来都是一个 Series 对象。

1. 创建数据框

(1)用列表创建。

例如,输入以下代码,通过列表创建一个数据框,指定行索引为"A 用户、B 用户",列名称为"景点 1,景点 2,…,景点 5"。

```
import pandas as pd
df1 = pd.DataFrame([[2,3,4,4,5],[2,3,4,4,5]], index = ["A用户","B用户"],columns = ["景点
1","景点 2","景点 3","景点 4","景点 5"])
print(df1)
```

输出结果如下。

```
       景点 1   景点 2   景点 3   景点 4   景点 5
A用户     2      3      4      4      5
B用户     2      3      4      4      5
```

(2)用字典创建。

例如,输入以下代码,通过字典创造一个数据框,实现与上例同样的效果。

```
import pandas as pd
df1 = pd.DataFrame({"景点 1":[2,2],"景点 2":[3,3],"景点 3":[4,4],"景点 4":[4,4],"景点 5":
[5,5]},index = ["A用户","B用户"])
print(df1)
```

（3）用文件创建。

有时需要分析的数据并不是自己创建的，而是来源于 CSV 文件或 XLSX 文件，这就需要用到 pd. read_csv()或 pd. read_xlsx()来读取文件。

例如，输入以下代码，可以从"景点数据表.xlsx"中读取"景点名称""景点热度""景点评分""景点点评数"等数据。

```
import pandas as pd
df1 = pd. read_excel("景点数据表.xlsx",usecols = [2,4,5,6])
print(df1. head())
```

输出结果如下。

```
        景点名称     景点热度    景点评分    景点点评数
0      武隆天生三桥     8.3      4.7      8662
1     洪崖洞民俗风貌区   8.7      4.6      6446
2       长江索道      8.5      4.2      9262
3      重庆两江游     7.7      4.3      7829
4      磁器口古镇     8.5      4.4     10702
```

2. 查看 DataFrame 属性

DataFrame 的属性有 shape（形状）、index（行索引）、columns（列索引）、values（值）、T（转置）、head(n)（前 n 行，默认为 5）和 tail(n)（后 n 行，默认为 5）等。

例如，输入以下代码，可以查看 df1 的部分属性。

```
import pandas as pd
df1 = pd. read_excel("景点数据表.xlsx",usecols = [2,4,5,6])
print(df1. shape)
print(df1. T)
print(df1. size)
```

输出结果如下。

```
(50, 4)
                0            1          2            3         ...
景点名称        武隆天生三桥    洪崖洞民俗风貌区   长江索道     重庆两江游      ...
景点热度          8.3         8.7        8.5         7.7         ...
景点评分          4.7         4.6        4.2         4.3         ...
景点点评数         8662        6446       9262        7829        ...
              46          47         48           49
景点名称        二厂文创公园     蚩尤九黎城    皇冠大扶梯   云阳龙缸国家地质公园
景点热度          6.3         6.3        6.2         6.2
景点评分          4.3         4.0        4.2         4.7
景点点评数         149         419        348         1390
[4 rows x 50 columns]
200
```

3. 通过索引操作数据

（1）通过列名和行号来指定 DataFrame 的索引。例如，df1["景点评分"][3]）可以获取上例中景点评分列的行号为 3 的数据，其值为 4.3；df1. iloc[3,2]也可以获取同样的数据，即行号为3,列号为2的数值。

（2）获取某几行的数据:例如,df1.loc[2:4]或df1.iloc[[2,3,4],:]都可以表示获取第2～4行的所有数据;df1.iloc[[2,3,5],[1,3]]表示获取行号为2、3、5且对应的列号为1、3的所有元素。

（3）获取列数据:例如,df1["景点评分"]表示获取景点评分列的数据。

6.2.3　数据计算

1. 聚合计算

使用describe()可以查看每一列的数量、平均值、标准差、方差、最小值、最大值和样本数据(为25%、50%和75%时)值等。例如:

```python
import pandas as pd
df1 = pd.read_excel("景点数据表.xlsx",usecols = [2,4,5,6])
print(df1.describe())
```

输出结果如下。

	景点热度	景点评分	景点点评数
count	50.000000	50.000000	50.000000
mean	7.012000	4.496000	2371.380000
std	0.684415	0.217556	2638.613264
min	5.800000	3.900000	10.000000
25%	6.400000	4.400000	424.500000
50%	7.000000	4.500000	1373.000000
75%	7.200000	4.600000	3224.250000
max	8.700000	4.900000	10702.000000

除了使用describ()之外,还可以使用指定的聚合函数输出想要的结果。例如:

```python
import pandas as pd
df1 = pd.read_excel("景点数据表.xlsx",usecols = [2,4,5,6])
#计算景点点评数的最大值
print("最大值",df1["景点点评数"].max())
#计算景点点评数的最小值
print("最小值",df1["景点点评数"].min())
#计算景点点评数的和
print("求和",df1["景点点评数"].sum())
#计算景点点评数的平均值
print("平均值",df1["景点点评数"].mean())
#计算景点点评数的个数
print("个数",df1["景点点评数"].count())
```

输出结果如下。

```
最大值 10702
最小值 10
求和 118569
平均值 2371.38
个数 50
```

2. 分组统计

使用 groupby()可以进行分组统计,在分组后进行聚合计算通常使用 agg()方法。

```
import pandas as pd
df1 = pd.read_excel("景点数据表.xlsx",usecols = [2,3,4,5,6])
# 根据景点热度分组并求景点评分和点评数的平均值
print(df1.groupby("景点热度").agg("mean"))
```

输出前 5 行数据如下。

景点热度	景点评分	景点点评数
5.8	4.800000	1676.0
6.2	4.450000	869.0
6.3	4.150000	284.0
6.4	4.455556	1021.0
6.5	4.500000	419.0

3. 数据透视表

在 Pandas 库中,透视表操作可以由 pivot_table()函数实现。

例如,输入以下代码,可以查找每个 IP 属地的平均评分分值。

```
import pandas as pd
df1 = pd.read_excel("景点点评表.xlsx")
print(pd.pivot_table(df1,index = "IP 属地",values = "评分",columns = Null,aggfunc = "mean"))
```

输出结果前 5 行如下。

IP 属地	评分
上海	4.838710
云南	4.714286
内蒙古	5.000000
加拿大	5.000000
北京	4.971429

如果要生成一个按时间汇总的均分表,则需要输入以下代码。

```
print(pd.pivot_table(df1,index = "评价时间",values = "评分",columns = Null, aggfunc =
"count"))
```

所生成的评分表如下。

评价时间	评分
2019 - 04 - 24	1
2020 - 07 - 17	1
2020 - 10 - 06	1
2020 - 12 - 29	1
2020 - 12 - 31	1
...	

[166 rows x 1 columns]

6.2.4　数据清洗

1. 去除重复值

drop_duplicates(subset,keep,inplace)函数可以去除重复值,该函数包含3个参数。subset指要去重的列名,默认的None。keep有3个可选参数,分别是 first、last、False,默认为 first,表示只保留第一次出现的重复项,删除其余重复项;last 表示只保留最后一次出现的重复项;False 表示删除所有重复项。inplace 是布尔值参数,默认为 False,表示删除重复项后返回一个副本;若为 Ture,则表示直接在原数据上删除重复项。

例如,以下代码将"景点 2"列中的重复值去除,保留第一次出现的重复项,并且直接在原数据上删除重复项。

```
import pandas as pd
df1 = pd.DataFrame([[2,3,4,4,5],[20,3,43,14,15]],index = ["A 用户","B 用户"],columns = ["景点 1","景点 2","景点 3","景点 4","景点 5"])
df1.drop_duplicates(subset = "景点 2",keep = "first",inplace = True)
print(df1)
```

输出结果如下。

	景点 1	景点 2	景点 3	景点 4	景点 5
A 用户	2	3	4	4	5

2. 处理缺失值

使用 isna()可以查看缺失值,fillna(method = 'ffill')为用前一项填充缺失值。若将 method = 'ffill'改为 method = 'backfill',则用后一项填充缺失值。此外,也可用任意数字填充缺失值。

例如,查看"ceshi.csv"中的缺失值并进行处理,代码如下。

```
import pandas as pd
df1 = pd.read_csv("ceshi.csv",encoding = "gbk",index_col = 0)
print(df1)
#查看各变量中的缺失值
print(df1.isna().sum(axis = 0))
#删除缺失值
print(df1.dropna())
#用前一项填充缺失值
print(df1.fillna(method = 'ffill'))
#用后一项填充缺失值
print(df1.fillna(method = 'backfill'))
#用 0 填充缺失值
print(df1.fillna(0))
```

原文件中的数据如下。

编号	评分	金额
1	2.0	3
2	NaN	6
3	NaN	5
4	NaN	4

查看缺失值的数据如下。

```
评分        3
金额        0
dtype: int64
```

3. 处理空值

isnull()可以检测空值。输入以下代码,可以查看每一行的空值。

```
import pandas as pd
df1 = pd.read_csv("ceshi.csv",encoding = "gbk",index_col = 0)
print(df1)
# 查看每一行的空值
print(df1.isnull().any(axis = 1))
```

输出结果如下。

```
编号    是否为空
 1      False
 2      True
 3      True
 4      False
dtype: bool
```

对于空值的处理,与缺失值类似,可以用 drop()删除,也可以用前一项或后一项填充。

4. 删除数据

在删除数据时,可以按列名删除指定列,也可以按列序号删除指定列。同理,按列名或列序号可以删除指定列。删除数据的代码如下。

```
import pandas as pd
df1 = pd.read_excel("景点数据表.xlsx",usecols = [0,2,3,4,5],index_col = 0)
print(df1)
# 按列名删除一列
print(df1.drop("景点评分",axis = 1))
# 按列名删除多列
print(df1.drop(["景点评分","景点地址"],axis = 1))
# 按列序号删除指定列
print(df1.drop(df1.columns[0],axis = 1))
# 按行号删除行
print(df1.drop(2))
```

5. 数据排序

使用 sort_values()函数可以进行数据排序。其中 ascending 的值默认为 True,即升序。若要降序排序,则需要将 True 改为 False。

例如,输入以下代码,可以按"景点评分"列降序排序。

```
import pandas as pd
df1 = pd.read_excel("景点数据表.xlsx",usecols = [0,2,3,4,5],index_col = 0)
print(df1.sort_values("景点评分",ascending = False))
```

6. 数据合并

可以使用 pd.merge()或 pd.concat()函数将多个 Pandas 对象进行连接。

（1）用 merge()方法连接，代码如下。

```python
import pandas as pd
# 截取"景点点评表.xlsx"中的第 0 列和第 1 列数据
df1 = pd.read_excel("景点点评表.xlsx", usecols = [0,1], index_col = 0)
# 截取"景点点评表.xlsx"中的第 1～3 列数据
df2 = pd.read_excel("景点点评表.xlsx", usecols = [1,2,3], index_col = 0)
# 将 df1 和 df2 通过"景点名称"连接为一个表
df3 = pd.merge(df1, df2, on = "景点名称")
print(df3)
```

输出结果如下。

	景点名称	用户名	评价时间
0	武隆天生三桥	HI - RONO	2023 - 01 - 22
1	武隆天生三桥	M22 **** 914	2023 - 03 - 05
2	武隆天生三桥	wheat_mjh	2023 - 02 - 28
3	武隆天生三桥	旅游达人 F4	2023 - 02 - 27

（2）用 concat()方法连接，代码如下。

```python
import pandas as pd
df1 = pd.read_excel("景点点评表.xlsx", usecols = [0,1])
print(df1)
df2 = pd.read_excel("景点点评表.xlsx", usecols = [2,3])
print(df2)
df3 = pd.concat([df1, df2], axis = 1)
print(df3)
```

输出结果如下。

	评价编号	景点名称	用户名	评价时间
0	1	武隆天生三桥	HI - RONO	2023 - 01 - 22
1	2	武隆天生三桥	M22 **** 914	2023 - 03 - 05
2	3	武隆天生三桥	wheat_mjh	2023 - 02 - 28
3	4	武隆天生三桥	旅游达人 F4	2023 - 02 - 27

6.2.5 应用案例

读取"景点信息表.xlsx"中的数据，并分析景点热度和点评情况。

1. 导入数据

导入数据的代码如下。

```python
import pandas as pd
df1 = pd.read_excel("景点点评表.xlsx", index_col = 0, usecols = [0,1,2,3,4,5])
print(df1)
```

2. 查看空值和缺失值

查看空值和缺失值的代码如下。

```
#查看每一行的空值
print(df1.isnull().any(axis = 1))
#查看每一列的空值
print(df1.isnull().any(axis = 0))
#查看缺失值
print(df1.isna().sum(axis = 0))
```

3. 统计数据

统计数据的代码如下。

```
#查看不同 IP 属地的各项统计值
print(df1["IP 属地"].describe())
```

输出结果如下。

```
count    500
unique    30
top       重庆
freq     245
Name: IP 属地, dtype: object
```

4. 创建数据透视表

创建数据透视表的代码如下。

```
#统计每个 IP 属地的平均评分、最高评分、最低评分和评分数量
print(pd.pivot_table(df1,index = "IP 属地",values = "评分",columns = Null,aggfunc = ["mean",
"min","max","count"]))
```

输出结果如下。

IP 属地	mean 评分	min 评分	max 评分	count 评分
上海	4.838710	4	5	31
云南	4.714286	4	5	7
内蒙古	5.000000	5	5	1
加拿大	5.000000	5	5	2
北京	4.971429	4	5	35
四川	4.838710	4	5	31

6.3 文本分析

6.3.1 中文字符

jieba 库是优秀的中文分词第三方库,它可以对中文进行简单分词、并行分词、命令行分词,支持关键词提取、词性标注、词位置查询等,在中文文本数据挖掘中占据重要的地位。安装方法为使用命令行方式,输入 pip install jieba,导入命令如下。

```
import jieba
```

1. 分词模式

jieba 有 3 种分词模式：精确模式、全模式、搜索引擎模式。其中，精确模式是将文本精确切分，不存在冗余词组；全模式是将文本中所有可能的词语都进行组合，会产生冗余；搜索引擎模式是在精确模式基础上，对长词再次切分。

例如，输入以下代码，可以看到 3 种分词模式的区别。

```
import jieba
text = '''他来到中国旅游,看了北京天安门.'''
#精确模式
cut_text1 = jieba.lcut(text)
print("这是精确模式:",cut_text1)
#全模式
cut_text2 = jieba.lcut(text,cut_all = True)
print("这是全模式:",cut_text2)
#搜索引擎模式
cut_text3 = jieba.lcut_for_search(text)
print("这是搜索引擎模式:",cut_text3)
```

输出结果如下。

```
这是精确模式: ['他', '来到', '中国', '旅游', ',', '看', '了', '北京', '天安门', '.']
这是全模式: ['他', '来到', '中国', '国旅', '旅游', ',', '看', '了', '北京', '天安', '天安门', '.']
这是搜索引擎模式: ['他', '来到', '中国', '旅游', ',', '看', '了', '北京', '天安', '天安门', '.']
```

lcut()函数返回的是一组列表；cut()函数可以返回一个迭代器，但要通过 for 循环来获取元素。lcut_for_search()与 cut_for_search()两个函数也类似，前者返回列表，后者返回迭代器。

2. 添加分词

对于一些新词汇，可能暂时在 jieba 的语料库中未被包含进去。用户可以在需要时使用 jieba.add_word(word)进行自定义添加，在不需要时使用 del_word(word)删除分词。例如，在上例中增加以下代码。

```
jieba.add_word("北京天安门")
```

此时会影响精确分词，输出结果如下。

```
这是精确模式: ['他', '来到', '中国', '旅游', ',', '看', '了', '北京天安门', '.']
```

3. 关键字提取

关键字的提取对文本分析来说非常重要。jieba 库提供了两个封装算法 Tf-Idf 和 Text-Rank 来分析关键字。使用关键字提取，需要导入 analyses 模块，导入方式如下。

```
import jieba.analyse
```

（1）Tf-Idf 算法。

算法思想：如果一个候选词在本文段中出现多次，而在其他文段中出现的次数较少，则可认为其对于本文段较为重要，即关键词。

例如，输入以下代码，用 Tf-Idf 算法查看中国旅游景点.txt 中的关键字及其比重。

```
import jieba.analyse
with open("中国旅游景点.txt","r",encoding = "utf - 8") as f:
    text = f.read()
t = jieba.lcut(text)
s = ','.join(t)        #jieba 抽取关键词需要输入字符串
jieba.analyse.set_stop_words("停用词表.txt")
keywords = jieba.analyse.extract_tags(s,topK = 10,withWeight = True,allowPOS = ('n'))
#topK = 10 表示提取前 10 个关键词,allowPOS = ('n')表示只提取名词
print(keywords)
```

输出结果如下。

```
[(' 景 区 ', 0. 25800352507769164), (' 风 景 ', 0. 13328529782093734), (' 名 胜 区 ',
0.11754074368423127), ('旅游景点', 0.10611316859080157), ('风景区', 0.10082166050917216),
(' 文 化 ', 0. 09585111360696014), (' 世 界 ', 0. 09182716227216821), (' 国 家 ',
0.08761378432238283), ('历史', 0.06653832891544022), ('全国', 0.0665134870024354)]
```

（2）Text-Rank 算法。

算法思想：将整篇文章看作一个超平面，每个词看作一个点。如果一个点周围聚集有特别的点，则该点处于核心位置，也就是关键词。

例如，输入以下代码，用 Text-Rank 算法计算中国旅游景点.txt 中的前 10 个关键字。

```
import jieba.analyse
with open("hlg.txt","r",encoding = "utf - 8") as f:
    s = f.read()
keywords = jieba.analyse.textrank(s,topK = 10,withWeight = False, allowPOS = ('n'))
print(keywords)
```

输出结果如下。

```
['项目', '欢乐谷', '排队', '过山车', '游玩', '小孩', '孩子', '游乐', '景区', '中心']
```

4. 统计词频

进行文本分析时，有时还需要统计出每个词在本文段中具体出现的次数。此时，可以使用 count() 方法进行统计。通过定义字典，遍历分词列表中字符长度大于 1 的词；用 count() 进行计数并统计词频，将词和词频作为键值对存储到字典中；用 sort() 对字典进行降序排序，打印出前 10 个词及词频。

```
import jieba.analyse
with open("hlg.txt","r",encoding = "utf - 8") as f:
    text = f.read()
t = jieba.lcut(text)
dic = {}
for i in t:
```

```
    if len(i) > 1:
        dic[i] = t.count(i)
w = list(dic.items())
w.sort(key = lambda x:x[1], reverse = True)
for i in range(10):
    word, count = w[i]
    print(word, count)
```

输出结果如下。

```
项目      32
重庆      31
欢乐谷    26
孩子      15
可以      14
不错      14
过山车    13
刺激      12
一个      11
非常      11
```

6.3.2　英文文本

对英文文本的分析主要使用 NLTK 库来实现。NLTK(Natural Language Toolkit,自然语言处理工具包)是机器学习领域中最常使用的一个 Python 库。

1. 安装

在命令行中输入 pip install nltk,运行安装,安装完后在 PyCharm 中输入以下代码。

```
import nltk
nltk.download()
```

此时会弹出一个窗口,如图 6-1 所示。

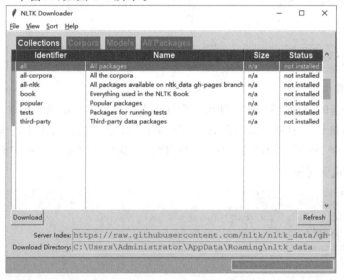

图 6-1　NLTK Downloader

如果提示下载失败,则需要到官方网站下载压缩包,并将文件下载到图 6-1 中最下方的 Download Directory 目录,重新运行 nltk.download()命令即可。

2. 分词

英文文本的分词可细分为分句和分词两类,分别使用的是 tokenize 模块中的 sent_tokenize()和 word_tokenize()函数。

例如,输入以下代码,查看分句和分词后的区别。

```
from nltk.tokenize import sent_tokenize,word_tokenize
text1 = '''No more than just rich heritage.
            To be or not to be,that is the question.
            Reading can help you forget your sadness. '''
#分句
sen = sent_tokenize(text1)
print(sen)
#分词
#对字符串分词,去除字符串前后的空格,并将所有字母小写
doc = word_tokenize(text1.strip().lower())
print(doc)
```

输出结果如下。

```
这是分句的结果:['No more than just rich heritage. ', 'To be or not to be,that is the question. ',
'Reading can help you forget your sadness.']
这是分词的结果:['no', 'more', 'than', 'just', 'rich', 'heritage', '.', 'to', 'be', 'or', 'not', 'to',
 'be', ',', 'that', 'is', 'the', 'question', '.', 'reading', 'can', 'help', 'you', 'forget',
'your', 'sadness', '.']
```

3. 去除停用词

停用词可以用 NLTK 的停用词模块 stopwords 调用,也可以自定义停用词模块。

例如,输入以下代码,自定义停用词模块,将英文文本删除停用词并输出。

```
from nltk.tokenize import sent_tokenize,word_tokenize
text1 = '''No more than just rich heritage.
            To be or not to be,that is the question.
            Reading can help you forget your sadness. '''
doc = word_tokenize(text1.strip().lower())
#构建停止词列表,通常通过读取外部文件或加载第三方库进行构建
stop_word = ['the','are','is','than','to','not','or']
#输出去掉停用词后的结果
doc1 = [word for word in doc if word not in stop_word]
print(doc1)
```

输出结果如下。

```
['no', 'more', 'just', 'rich', 'heritage', '.', 'be', 'be', ',', 'that', 'question', '.', 'reading',
'can', 'help', 'you', 'forget', 'your', 'sadness', '.']
```

4. 分析关键词

对英文文本做 TF-IDF 分析,可以计算出当前文段中关键词的比重。首先导入 Sklearn 中的 TF-IDF 分析模块;然后创建矢量器,对数据进行标准化处理,并对矢量器中的第 2 列

数据进行降序排序；最后通过 DataFrame 输出 3 句话中每个词的 TF-IDF 值，值越大，表明在文段中的作用越重要。

对关键词进行分析的代码如下。

```
# 导入 Pandas 库、Sklearn 库中的 TF-IDF
import pandas as pd
from sklearn.feature_extraction.text import TfidfVectorizer
doc1 = ['No more than just rich heritage.','To be or not to be,that is the question.','Reading
can help you forget your sadness.']
# 创建 TF-IDF 特征矩阵
tfidf = TfidfVectorizer() # 矢量器
fitdoc = tfidf.fit_transform(doc1) # 对数据进行标准化，归一到某个区间
# 对前面的对象中的第二列数据（即 value）的值进行排序
list = sorted(tfidf.vocabulary_.items(), key = lambda x:x[0])
print(list)
# 构造为 DataFrame
print(pd.DataFrame(fitdoc.toarray(),columns = [x[0] for x in list]))
```

输出结果如下。

```
[('be', 0), ('can', 1), ('forget', 2), ('help', 3), ('heritage', 4), ('is', 5), ('just', 6), ('more', 7),
('no', 8), ('not', 9), ('or', 10), ('question', 11), ('reading', 12), ('rich', 13), ('sadness', 14),
('than', 15), ('that', 16), ('the', 17), ('to', 18), ('you', 19), ('your', 20)]
           be         can        forget     ...      to         you        your
0    0.000000   0.000000   0.000000   ...   0.000000   0.000000   0.000000
1    0.534522   0.000000   0.000000   ...   0.534522   0.000000   0.000000
2    0.000000   0.377964   0.377964   ...   0.000000   0.377964   0.377964
[3 rows x 21 columns]
```

6.3.3 词云图

WordCloud 库是优秀的词云展示第三方库。它可以根据文段中的关键字来绘制词云图，不仅可以分析英文文本，也可以分析中文文本。

1. 安装

按第三方库常用的安装方式，在命令行输入以下命令。

```
pip install wordcloud
```

此时很有可能会报错，提示 pip 工具版本低。因此需要升级 pip 版本，输入以下命令。

```
python - m pip install -- upgrade pip
```

在 pip 更新到最新版本后，如果安装 WordCloud 还是会报错，则需要先下载 wordcloud-1.8.1-cp311-cp311-win_amd64.whl 安装包到项目文件夹，并在命令行界面输入以下命令。

```
pip install wordcloud - 1.4.1 - cp36 - cp36m - win_amd64.whl
```

这样即可成功安装 WordCloud 词库云。

2．绘制词云图

wordcloud. WordCloud（width，height，min_font_size，max_font_size，font_step，font_path，max_words，stop_words，mask，background_color）可以生成一个词云对象，该对象的属性及其含义如表 6-4 所示。

表 6-4　WordCloud 参数及其含义

参　　数	含　　义
width	设定词云图的宽度，默认为 400 像素
height	设定词云图的高度，默认为 200 像素
min_font_size	设定词云图的最小字号，默认为 4 号
max_font_size	设定词云图的最大字号，根据高度自动调节
font_step	设定词云图的字号的间隔，默认为 1
font_path	设定词云图的文件路径，默认为空
max_words	设定词云图的最大单词数量，默认为 200
stop_words	设定词云图的排除词列表，即不显示的单词列表
mask	设定词云图的形状，默认为长方形，需要引用 imread() 函数
background_color	设定词云图的背景颜色，默认为黑色

生成词云对象后，用 generate() 传入文本，即可为词云对象赋值。to_file() 方法可以将绘制好的词云图保存进文件。

例如，输入以下代码，可以生成一个简单的词云图。

```
import jieba.analyse
import wordcloud
ss = ['游玩', '有点', '老街', '景色', '感觉', '博物馆', '夜景', '景点']
words_string = ','.join(ss)
wc = wordcloud.WordCloud(max_words = 60, font_path = 'msyh.ttc', width = 800, height = 600,
background_color = "white")
wc.generate(words_string)
wc.to_file('点评词云' + '.png')
```

运行程序，在当前目录生成"点评词云.png"文件，打开如图 6-2 所示。

图 6-2　点评词云图

3．改变词云图形状

词云图的默认形状是矩形，要修改它的形状，需要用到 Imageio 库。首先准备一个想要的图像，如在当前目录准备一个"tree.png"的图像；然后在程序中定义一个 mask 对象，读取图像中的数据；最后修改 wordcloud. WordCloud()中 mask 的参数，即可更改词云图的形状。例如：

```
import wordcloud
#新增代码,导入图像识别
from imageio import imread
#新增代码,读取图像,定义 mask 对象
mask = imread("tree.png")
ss = ['游玩', '有点', '老街', '景色', '感觉', '博物馆', '夜景', '景点']
words_string = ','.join(ss)
#新增 mask 参数
wc = wordcloud.WordCloud(max_words = 60, font_path = 'msyh.ttc', width = 800, height = 600,
background_color = "white", mask = mask)
wc.generate(words_string)
wc.to_file('点评' + '.png')
```

运行程序，生成"点评.png"文件，打开如图 6-3 所示。

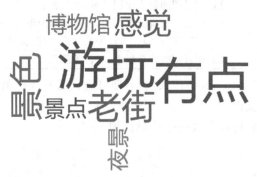

图 6-3 树状词云图

6.4 游客点评数据分析

6.4.1 景点点评数量与景点热度之间的相关性分析

1. 读取数据

输入以下代码，读取景点信息表.xlsx 文件，获取景点评分和点评数两列数值并进行分析。

```
import pandas as pd
data = pd.read_excel(r"景点数据表.xlsx", usecols = [5,6])
print(data.head())
```

输出结果如下。

	景点评分	景点点评数
0	4.7	8662
1	4.6	6446
2	4.2	9262
3	4.3	7829
4	4.4	10702

2．相关性分析

用斯皮尔曼等级相关系数进行分析,相关系数的绝对值越大,相关性越强。相关系数越接近于1或−1,相关度越强;相关系数越接近于0,相关度越弱。

通常情况下,相关系数绝对值含义如下。

0.8~1.0表示极强相关,0.6~0.8表示强相关,0.4~0.6表示中等程度相关,0.2~0.4表示弱相关,0.0~0.2表示极弱相关或无相关。

继续执行以下代码。

```
print(data.corr(method = 'spearman'))
```

输出结果如下。

	景点评分	景点点评数
景点评分	1.000000	0.313683
景点点评数	0.313683	1.000000

结果表明,景点评分与景点点评数之间存在着弱相关。也就是说,景点的点评数量多少,对景点的评分有一定的影响。

3．景点点评数与景点热度相关性分析

对景点点评数与景点热度进行相关性分析的代码如下。

```
import pandas as pd
data = pd.read_excel(r"景点数据表.xlsx",usecols = [4,6])
print(data.corr(method = 'spearman'))
```

输出结果如下。

	景点热度	景点点评数
景点热度	1.000000	0.552508
景点点评数	0.552508	1.000000

结果表明,景点点评数与景点热度有中等程度的相关关系。

4．景点热度与景点评分相关性分析

对景点热度与景点评分两列进行相关性分析,得到以下结果。

	景点热度	景点评分
景点热度	1.000000	− 0.001565
景点评分	− 0.001565	1.000000

结果表明,景点热度和景点评分为极弱相关或无相关关系。

6.4.2　绘制欢乐谷点评的词云图

1．读取文件

打开前期准备好的数据文件hlg.txt,生成文件对象 s,代码如下。

```
import jieba.analyse
with open("hlg.txt","r",encoding = "utf - 8") as f:
    s = f.read()
```

2. 提取关键词

用 jieba 库提取前 100 个关键词,并将其存入 wordslst 列表,代码如下。其中,topK＝100 表示提取前 100 个关键词,allowPOS＝('n')表示只提取名词。

```
wordslst = jieba.analyse.textrank(s,topK = 100,withWeight = False, allowPOS = ('n'))
```

3. 去除关键词中的停用词

定义停用词表,将停用词表中的词去除,代码如下。

```
stopwords = ['项目','全国',"的","了","是","很","也","玩","有","都","多","和","去","好",
"重庆","欢乐谷","非常","可以","一个","还"]
words_without_stopwords = [w for w in wordslst if w not in stopwords]
```

4. 绘制词云图

使用 WordCloud 库绘制词云图,代码如下。其中,max_words＝60 表示词云图中最多放 60 个词,font_path＝'msyh.ttc'表示词云图的字体用微软雅黑,width＝800,height＝600 分别为词云图的宽度和高度。

```
import wordcloud
from imageio import imread
words_string = ','.join(words_without_stopwords)
mask = imread("star.jpg")
#词云图输入的数据类型要求为字符串,因此,需要将列表中的元素使用逗号拼接成字符串
wc = wordcloud.WordCloud(max_words = 60,font_path = 'msyh.ttc',width = 800, height = 600,
mask = mask ,background_color = "white")
wc.generate(words_string)
wc.to_file('词云 new' + '.png')
```

运行程序,生成欢乐谷点评词云图,打开如图 6-4 所示。

图 6-4　欢乐谷点评词云图

第7章

数据可视化

对于数据处理分析的结果,如果仅直观地展示为数据或文本,人们很难快速获取出清晰的结论,这是因为人类大脑对图像信息的处理优先于数字和文本。因此,在数据处理过程中,需要用到数据可视化。

本章将对数据可视化方法进行详细介绍。

7.1 数据可视化概述

1. 基本概念

数据可视化是指将各种数据用图形化的方式进行展示的技术。可视化技术需要使用计算机图形学和图像处理技术,将数据转换为图形或图像形式显示到屏幕上,并进行交互处理。数据可视化是技术和艺术的结合,它将枯燥的表格显示为丰富多彩的图形模式,能让用户直截了当地查看数据发展趋势并分析数据相关性。

目前,VR、AR、MR、全息投影等新的数据可视化技术,已经被广泛应用到房地产、游戏、教育等各行各业。

2. 可视化工具

常用的可视化分析工具有 Excel、Matplotlib、ECharts、高德地图和 Power BI 等。

(1) Excel。

Excel 是专门的数据采集与分析的软件,支持柱形图、条形图、饼图、折线图、面积图、散点图和环形图等可视化图表。Excel 作为快速进行数据分析的入门级工具,目前应用广泛。Excel 数据可视化界面如图 7-1 所示。

(2) Matplotlib。

Matplotlib 是 Python 中公认比较好用的数据可视化工具。通过 Matplotlib,输入几行代码便可生成折线图、柱形图、条形图、散点图等,还可以用一些 MATLAB 函数来更改控制行样式、字体属性、轴属性等。Matplotlib 数据可视化界面如图 7-2 所示。

(3) ECharts。

ECharts 是百度开发的基于 Java 的一款开源可视化库,它可以流畅地在 PC 端和移动端运行,兼容绝大多数浏览器,底层依赖轻量级的矢量图形库 ZRender,提供直观、交互丰富、可高

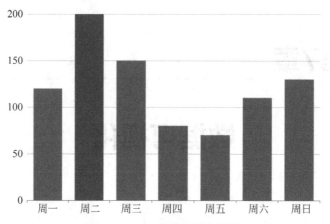

图 7-1 Excel 数据可视化界面

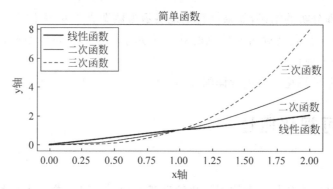

图 7-2 Matplotlib 数据可视化界面

度个性化定制的数据可视化图表。ECharts 拥有极其丰富的图表类型,且支持用户在图表之间拖动数据的同时得到实时反馈,可交互性强。ECharts 数据可视化界面如图 7-3 所示。

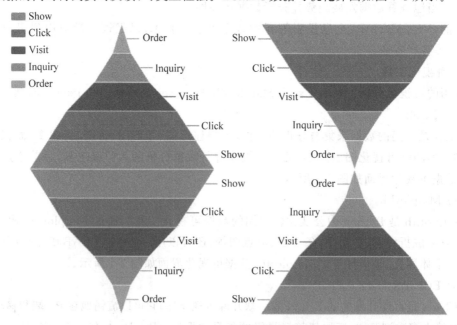

图 7-3 ECharts 数据可视化界面

（4）高德地图 Map Lab。

在数据分析中，基于地理数据的分析较多，如环境数据分析、物流定位分析、交通流量分析等。从客户分析的角度，也经常会遇到客户地址的热力分析等需求。

高德地图 Map Lab 是一款免费的地图分析工具，它支持 CSV、Excel、数据库及其他 API 接口获取数据，可绘制热力图、行政区填充热力图、3D 热力图、3D 柱形图等各种图形。它支持自定义地图样式，用户可以通过改变背景颜色、设置道路标识等创建个性化地图。高德地图 Map Lab 数据可视化界面如图 7-4 所示。

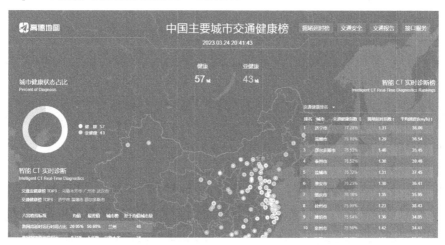

图 7-4　高德地图 Map Lab 数据可视化界面

（5）Power BI。

Microsoft Power BI 是为解决商业领域中数据驱动实施相关决策的需求，由微软开发的一种将数据分析简单化的综合型工具。它将数据以易于理解的方式展示出来，并将数据实时共享给需求方。Power BI 消除了数据分析和可视化过程中的困扰和麻烦，将多个不相关的数据源整合为一体，实现对数据进行清理、建模、可视化、共享等操作。Power BI 数据可视化界面如图 7-5 所示。

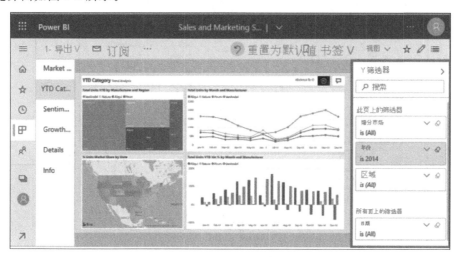

图 7-5　Power BI 数据可视化界面

7.2　Matplotlib 可视化

1. 安装与导入

Matplotlib 库是一个综合库，用于在 Python 中绘制图形。Matplotlib 库中应用最广泛的是 pyplot 模块，它是使 Matplotlib 像 MATLAB 一样工作的函数集合。安装库的方法是在命令行输入以下代码。

```
pip install matplotlib
```

安装成功后，要导入 Matplotlib 库的 pyplot 模块，需要输入以下代码，并将其简写为 plt。

```
import matplotlib.pyplot as plt
```

2. plt 基础

（1）图表组成元素。

图表主要包含画板（Figure）、画纸（Figure）、标题（Title）、坐标轴（Axis）、图例（Legend）、网格（Grid）和点（Markers）这几大元素。在坐标轴中，横轴为 x 轴（xlabel），纵轴为 y 轴（ylabel）。绘图元素如图 7-6 所示。

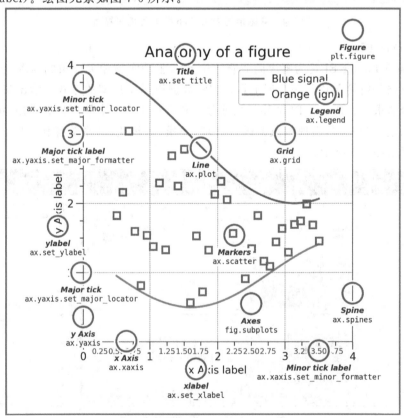

图 7-6　绘图元素示意

（2）常用函数。

plt 绘制图表的常见类型有线性图、柱状图、饼图、散点图等，绘制图形和调整图表元素的常用函数及功能说明如表 7-1 所示。

表 7-1 plt 的常用函数及功能说明

函 数	功 能 说 明	函 数	功 能 说 明
plt. plot(x,y,label,color, width)	绘制直线、曲线	plt. legend()	显示图例
plt. boxplot(data,notch, position)	绘制箱形图	plt. show()	显示绘制的图像
plt. bar(left,height,width, bottom)	绘制柱形图	plt. savefig()	设置图像保存的格式
plt. barh(bottom,width, height,left)	绘制条形图	ltxlim()	设置 X 轴的取值范围
plt. polar(theta,r)	绘制极坐标图	ltylim()	设置 Y 轴的取值范围
plt. pie(data,explode)	绘制饼图	plt. text()	添加注释
plt. psd(x,NFFT = 256, pad_to,Fs)	绘制功率谱密度图	plt. title()	设置标题
plt. specgram(x,NFFT = 256,pad_to,F)	绘制谱图	plt. xlabel()	设置当前 X 轴标题
plt. cohere(x,y,NFFT = 256,Fs)	绘制相关性图	plt. ylabel()	设置当前 Y 轴标题
plt. scatter()	绘制散点图	plt. xticks()	设置当前 X 轴刻度值
plt. step(x,y,where)	绘制步阶图	plt. yticks()	设置当前 X 轴刻度值
plt. hist(x,bins,normed)	绘制直方图	plt. clines()	绘制垂直线
plt. contour(X,Y,Z,N)	绘制等值线	plt. plot_date()	绘制日期数据

数据点是绘图中的重要元素，设置 marker 属性常用的标记及含义如表 7-2 所示。

表 7-2 数据点标记及含义

标记	符号	含义	标记	符号	含义	标记	符号	含义
"."	●	点	"D"	◆	菱形	"s"	■	正方形
","	▪	像素点	"d"	◆	瘦菱形	"p"	⬟	五边形
"o"	●	实心圆	"|"	│	竖线	"P"	✚	加号(填充)
"v"	▼	下三角	"_"	—	横线	"*"	★	星号
"^"	▲	上三角	1 (TICKRIGHT)	—	右横线	"h"	⬢	六边形 1
"<"	◄	左三角	2 (TICKUP)	│	上竖线	"H"	⬣	六边形 2
">"	►	右三角	4 (CARETLEFT)	◄	左箭头	"+"	✛	加号
"1"	Y	下三叉	5 (CARETRIGHT)	►	右箭头	"x"	✕	乘号
"2"	⅄	上三叉	6 (CARETUP)	▲	上箭头	7 (CARETDOWN)	▼	下箭头
"3"	⊰	左三叉	"4"	⊱	右三叉	"8"	⬤	八角形

3．绘制图形

（1）简单线性图。

用 Matplotlib 绘制一个简单的线性图，代码如下。

```
# 导入模块
import matplotlib.pyplot as plt
# 设定 x 值
x = [1,2,3,4]
# 设定 y 值
y = [1,4,9,16]
# 绘制线性图
plt.plot(x,y)
# 展示线性图
plt.show()
```

输出结果如图 7-7 所示。

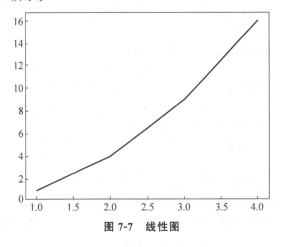

图 7-7　线性图

（2）丰富后的线性图。

对图 7-7 的线性图添加坐标轴名称、标题、图例、背景网格等元素，并更改线条属性，调整后的代码如下。

```
import matplotlib.pyplot as plt
# 显示中文内容
plt.rcParams['font.sans-serif'] = [u'SimHei']
plt.rcParams['axes.unicode_minus'] = False
# 绘制画布,长 5 英寸,宽 4 英寸,分辨率 200dpi
plt.figure(figsize = (5,4),dpi = 200)
# 为 x,y 赋值
x = [1,2,3,4]
y = [1,4,9,16]
# 绘制线性图,r 表示红色,o 表示圆点, 'dashed'为虚线
plt.plot(x,y,color = 'r',marker = 'o',linestyle = 'dashed')
# 设置 x 轴标题
plt.xlabel('x 坐标轴')
# 设置 y 轴标题
plt.ylabel('y 坐标轴')
```

```
#设置标题
plt.title('我是标题')
#插入图例
plt.legend(['图例'])
#添加网络线,并设置颜色、线条宽度、线条样式
plt.grid(color = 'y',linewidth = '0.5',linestyle = '-.')
#为图表添加文字描述,横坐标2,纵坐标3
plt.text(2,3,'function y = x^2')
#保存绘制好的图
plt.savefig("调整后的线性图.jpg")
```

输出结果如图7-8所示。

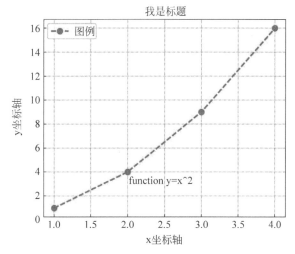

图 7-8 调整后的线性图

4. 应用案例

(1) 景点点评折线图。

将已生成的"景点数据表.xlsx"中的前10个景点的景点名称和点评数两列数据提取出来,并绘制线形图。由于坐标轴的景点名称文字较长,因此需要将文字倾斜一定的角度,此时会用到 plt.xticks() 的 rotation 参数,具体代码如下。

```
import matplotlib.pyplot as plt
import pandas as pd
#显示中文字符
plt.rcParams['font.sans - serif'] = [u'SimHei']
plt.rcParams['axes.unicode_minus'] = False
#读取数据
data = pd.read_excel(r"景点数据表.xlsx",usecols = ["景点名称","景点点评数"])
data = data.head(10)
#设置画布
plt.figure(figsize = (5,4),dpi = 200)
#绘制图形
plt.plot(data["景点名称"],data["景点点评数"], color = 'r', linewidth = 1, linestyle = 'dashdot',label = '折线图')
```

```
# 设定坐标轴标题
plt.xlabel('景点名')
plt.ylabel('点评数')
# 设定 x 轴标题旋转角度
plt.xticks(rotation = 15, fontsize = 5)
# 保存图像
plt.savefig("景点点评折线图.jpg", bbox_inches = 'tight')
```

绘制图像如图 7-9 所示。

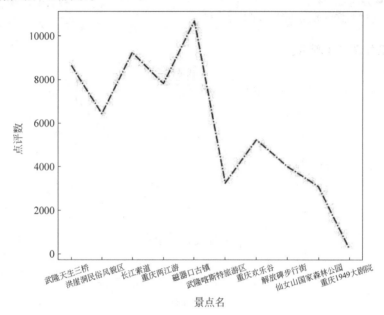

图 7-9 景点点评折线图

（2）景点热度条形图。

提取"景点数据表.xlsx"前 10 个景点的景点名称和景点热度两列数据，并绘制条形图，具体代码如下。

```
import matplotlib.pyplot as plt
import pandas as pd
# 显示中文字符
plt.rcParams['font.sans-serif'] = [u'SimHei']
plt.rcParams['axes.unicode_minus'] = False
# 读取数据
data = pd.read_excel(r"景点数据表.xlsx", usecols = ["景点名称", "景点热度"])
data = data.head(10)
# 定义画布
plt.figure(figsize = (5,4), dpi = 200)
# 绘制条形图
plt.barh(data["景点名称"], data["景点热度"], height = 0.5, color = 'b')
# 参数 height 用于设置条形的高度
# 更改坐标轴标题
```

```
plt.xlabel('热度值')
plt.ylabel('景点名')
＃保存文件
plt.savefig("景点热度条形图.jpg",bbox_inches = 'tight')
```

绘制图像如图 7-10 所示。

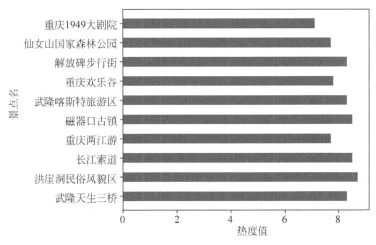

图 7-10 景点热度条形图

（3）景点热度点评气泡图。

提取"景点数据表.xlsx"前 10 个景点的景点名称、点评数和景点热度共 3 列数据，绘制气泡图，其中 x 轴是景点名称，y 轴是景点热度，每个点的气泡大小表示点评数。由于点评数太大，因此将该数据除以 50 进行显示，具体代码如下。

```
import matplotlib.pyplot as plt
import pandas as pd
plt.rcParams['font.sans − serif'] = [u'SimHei']
plt.rcParams['axes.unicode_minus'] = False
data = pd.read_excel(r"景点数据表.xlsx",usecols = ["景点名称","景点热度","景点点评数"])
data = data.head(20)
plt.figure(figsize = (5,4),dpi = 200)
plt.scatter(data["景点名称"],data["景点热度"], s = data["景点点评数"]/50, color = 'r')
plt.xlabel('景点名')
plt.ylabel('热度值')
plt.xticks(rotation = 90, fontsize = 6)
plt.savefig("景点热度点评气泡图.jpg",bbox_inches = 'tight')
```

绘制图像如图 7-11 所示。

（4）各地旅游收入计划柱状图。

"十四五"期间，许多省份都将旅游业作为万亿级产业进行培育。例如，北京提出到2025 年旅游业总收入达到 9000 亿元；山东提出到 2025 年旅游业总收入达到 1.88 万亿元；江苏提出到 2025 年旅游业总收入达到 1.7 万亿元；湖北提出到 2025 年旅游业总收入达到1 万亿元；湖南提出到 2025 年旅游业总收入达到 1.3 万亿元；云南提出到 2025 年旅游业

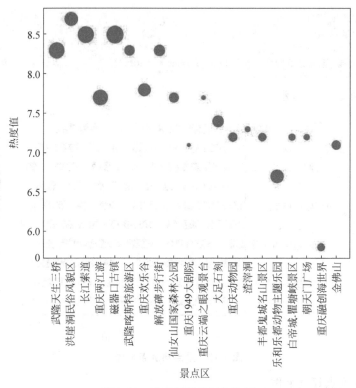

图 7-11   景点热度点评气泡图

总收入达到 2 万亿元；广西提出到 2025 年旅游业总收入达到 1.1 万亿元；福建提出到 2025 年旅游业总收入达到 1.05 万亿元；吉林提出到 2025 年旅游业总收入达到 1 万亿元；陕西提出到 2025 年旅游业总收入达到 1 万亿元。

为以上数据制作柱状图,编写代码如下。

```
import matplotlib.pyplot as plt
plt.rcParams['font.sans - serif'] = [u'SimHei']
plt.rcParams['axes.unicode_minus'] = False
x = ['北京','山东','江苏','湖北','湖南','云南','广西','福建','吉林','陕西']
y = [0.9,1.88,1.7,1,1.3,2,1.1,1.05,1,1]
# 设置每个柱状的颜色
c = ['r', 'k', 'y', 'g', 'b', 'c', 'm', 'y', 'b','m']
plt.figure(figsize = (5,4),dpi = 200)
# 绘制柱状图
plt.bar(x,y,color = c,width = 0.5)
plt.xlabel('城市')
plt.ylabel('旅游总收入')
plt.title("2025 年各地旅游总收入计划")
# 用 bbox_inches = 'tight'避免坐标轴的标题溢出图外
plt.savefig("2025 年各地旅游总收入计划柱状图.jpg",bbox_inches = 'tight')
```

绘制图像如图 7-12 所示。

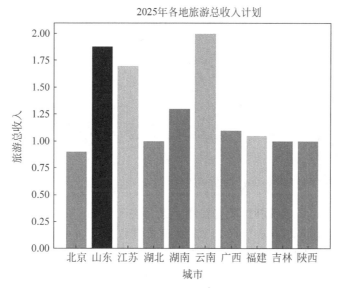

图 7-12　2025 年各地旅游总收入计划柱状图

7.3　Pandas 绘图

　　Matplotlib 库功能强大,但是在绘图时数据往往来源于文件或 Pandas 的数据结构,因此,Pandas 以 Matplotlib 为基础绘图接口,提供了 Series. plot 和 DataFrame. plot 的绘图方法。由于 Pandas 数据的格式比较规范且方便向量化及计算,因此,用 Pandas 绘图比 Matplotlib 更节省时间,代码更为简洁。

　　Series. plot 和 DataFrame. plot 的主要参数及含义如表 7-3 所示。

表 7-3　Pandas 绘图的主要参数及含义

参　　数		方法的图形参数	
Series. plot 参数	含　　义	**DataFrame. plot 参数**	含　　义
label	图表的标签	subplots	将各个 DataFrame 列绘制到单独的 subplot 中
alpha	图表的填充透明度(0~1)	sharex	如果 subplots = True,则共用一个 X 轴
kind	图表的类型,有 line、bar、barh 和 kde 等	sharey	如果 subplots = True,则共用一个 Y 轴
logy	在 Y 轴上使用对数标尺	figsize	图像元组的大小
rot	旋转刻度标签(0~360)	title	图像的标题
xticks,yticks	用作 X 轴和 Y 轴刻度的值	legend	添加一个 subplots 图例
xlim,ylim	X 轴和 Y 轴的界限	sort_columns	以字母表顺序绘制各列

1. 绘制 $y = x^2$ 线形图

　　用 series. plot 绘图,代码如下。

```
import matplotlib.pyplot as plt
import pandas as pd
# 显示中文内容
plt.rcParams['font.sans - serif'] = [u'SimHei']
plt.rcParams['axes.unicode_minus'] = False
# 生成序列数据
ss = pd.Series([1,4,9,16],index = [1,2,3,4])
# 绘制图形
ss.plot(title = '标题',marker = ' * ',color = 'b',figsize = (5,4),legend = True, xlabel = 'x 轴标题',
ylabel = 'y 轴标题')
# 保存
plt.savefig("Pandas 线性图.jpg",dpi = 200)
```

在本例中,用 Pandas 绘图时,所有绘图元素都在 ss.plot()中进行定义。其中,color＝'b'表示线的颜色是蓝色,figsize＝(5,4)表示画布尺寸是 5 英寸×4 英寸,legend 为图例,xlabel 为 x 轴标题。绘图效果如图 7-13 所示。

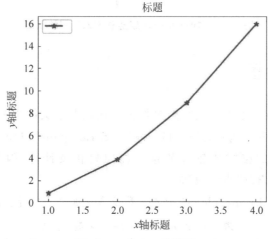

图 7-13　Pandas 线性图

2. 景点点评折线图

提取"景点数据表.xlsx"中的前 10 个景点的景点名称和景点热度两列数据,使用 Pandas 绘制线形图。

景点数据表信息如表 7-4 所示。

表 7-4　景点数据表

景点编号	景点名称	景点地址	景点热度	景点评分	景点点评数
1	武隆天生三桥	重庆市武隆区仙女山镇游客接待中心	8.3	4.7	8662
2	洪崖洞民俗风貌区	重庆市渝中区滨江路 88 号（嘉陵江畔）	8.7	4.6	6446
3	长江索道	重庆市渝中区新华路 151 号	8.5	4.2	9262
4	重庆两江游	重庆市渝中区洪崖洞旅游客运码头	7.7	4.3	7829
5	瓷器口古镇	重庆市沙坪坝区磁南街 1 号	8.5	4.4	10702

续表

景点编号	景点名称	景点地址	景点热度	景点评分	景点点评数
6	武隆喀斯特旅游区	重庆市武隆区仙女镇境内	8.3	4.6	3264
7	重庆欢乐谷	重庆市渝北区金渝大道 29 号	7.8	4.5	5253
8	解放碑步行街	重庆市渝中区解放碑周边区域	8.3	4.6	4022
9	仙女山国家森林公园	重庆市武隆区仙女山国家森林公园	7.7	4.5	3105
10	重庆 1949 大剧院	重庆市沙坪坝区金碧正街 999 号	7.1	4.8	267

编写折线图代码如下。

```
import matplotlib.pyplot as plt
import pandas as pd
import numpy as np
#显示中文字符
plt.rcParams['font.sans-serif'] = [u'SimHei']
plt.rcParams['axes.unicode_minus'] = False
#读取数据
data = pd.read_excel(r"景点数据表.xlsx")
data = data.head(10)
#绘制图像
data[["景点名称","景点热度"]].plot(title = "景点折线图",y = "景点热度",x = "景点名称",figsize
= (5,4),color = 'r',marker = "o",linewidth = 1,linestyle = 'dashdot',xlabel = '景点名称',ylabel = '景
点热度',xticks = np.arange(10))
#设定 x 轴标题的旋转角度
plt.xticks(rotation = 15,fontsize = 5)
#保存图像
plt.savefig("景点热度折线图.jpg",bbox_inches = 'tight',dpi = 200)
```

在本例中,用 data[["景点名称","景点热度"]].plot()进行绘图,默认为线形图,对所有元素的参数进行定义。其中,marker 为数据点的标记形式,linewidth 为线形的粗细,linestyle 为线形样式,xticks 用来对 x 轴的刻度进行细化标示。这里引入了 NumPy,将 x 轴的 10 个景点进行全部显示,由于文字较为拥挤,使用 plt 将 x 轴旋转 15 度,设定文字字号为 15。绘制图像如图 7-14 所示。

3. 景点热度条形图

提取"景点数据表.xlsx"前 10 个景点的景点名称和景点热度两列数据,绘制条形图,代码如下。

```
import matplotlib.pyplot as plt
import pandas as pd
import numpy as np
#显示中文字符
plt.rcParams['font.sans-serif'] = [u'SimHei']
plt.rcParams['axes.unicode_minus'] = False
```

```
#读取数据
data = pd.read_excel(r"景点数据表.xlsx")
data = data.head(10)
#绘制图像
data[["景点名称","景点热度"]].plot.barh(title = "景点热度情况",y = "景点热度",x = "景点名
称",figsize = (5,4),color = 'b', linewidth = 1,linestyle = 'dashdot',xlabel = '热度值',ylabel =
'景点名称',xticks = np.arange(12))
#保存图像
plt.savefig("景点热度条形图.jpg",bbox_inches = 'tight',dpi = 200)
```

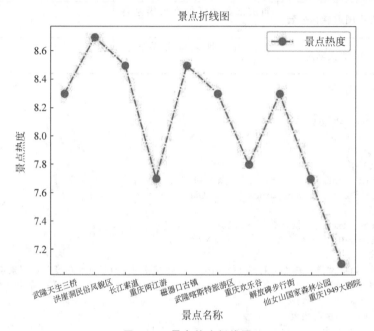

图 7-14　景点热度折线图

在本例中,data[["景点名称","景点热度"]].plot.barh 表示使用景点名称和景点热度
两列数据绘制条形图,用 xticks＝np.arange(12)定义 x 轴刻度。绘制图像如图 7-15 所示。

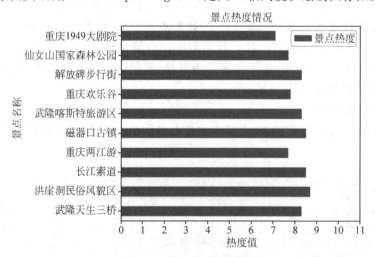

图 7-15　景点热度条形图

4. 景点热度的点评气泡图

提取"景点数据表.xlsx"前 10 个景点的景点名称、点评数和景点热度共 3 列数据,绘制气泡图,代码如下。

```
import matplotlib.pyplot as plt
import pandas as pd
♯显示中文字符
plt.rcParams['font.sans-serif'] = [u'SimHei']
plt.rcParams['axes.unicode_minus'] = False
♯读取数据
data = pd.read_excel(r"景点数据表.xlsx")
data = data.head(20)
♯绘制图形
data[["景点名称","景点热度","景点点评数"]].plot.scatter(title = "景点气泡图",y = "景点热
度",x = "景点名称",s = data["景点点评数"]/50,figsize = (5,4),color = 'r', xlabel = '景点名称',
ylabel = '景点热度')
♯设定 x 轴标题的旋转角度
plt.xticks(rotation = 90,fontsize = 5)
♯保存图像
plt.savefig("景点热度的气泡图.jpg",bbox_inches = 'tight',dpi = 200)
```

在本例中,x 轴是景点名称,y 轴是景点热度,每个点的气泡大小表示点评数。绘制图像如图 7-16 所示。

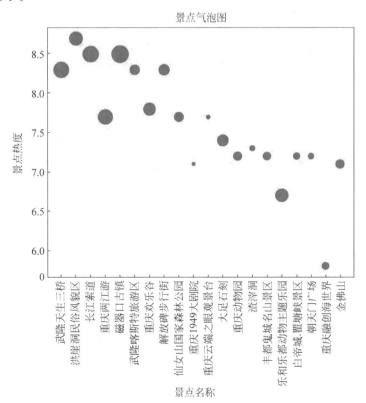

图 7-16 景点热度的点评气泡图

5．绘制双轴图

提取"景点数据表.xlsx"前 10 个景点的景点评分和景点热度两列数据，绘制景点热度柱形图，代码如下。

```
import matplotlib.pyplot as plt
import pandas as pd
import numpy as np
#显示中文字符
plt.rcParams['font.sans-serif'] = [u'SimHei']
plt.rcParams['axes.unicode_minus'] = False
#读取数据
data = pd.read_excel(r"景点数据表.xlsx")
data = data.head(10)
#绘制图形
data["景点热度"].plot.bar(title = "景点双轴图",figsize = (5,4),color = 'b')
data["景点评分"].plot.line(color = 'r',secondary_y = True)
#保存图像
plt.savefig("景点双轴图.jpg",bbox_inches = 'tight',dpi = 200)
```

在本例中，由于同时在此坐标轴上绘制景点评分线形图，因此需要用到 secondary-y 参数，值为 True 表明是次坐标轴。绘制图像如图 7-17 所示。

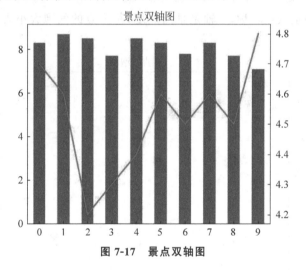

图 7-17　景点双轴图

6．绘制箱形图

箱形图是针对连续型变量的图形。在箱形图中，箱子的中间一条线是数据的中位数，代表了样本数据的平均水平；箱子的上下限分别是数据的上四分位数和下四分位数，箱子中包含了 50％的数据；在箱子的上方和下方各有一条线，分别代表最大值和最小值。箱形图的作用是用来查看一串连续数据的平均水平、波动程度和异常值。

提取"景点数据表.xlsx"前 10 个景点的景点评分和景点热度两列数据，绘制箱形图，箱形图用 box 表示，代码如下。

```
import matplotlib.pyplot as plt
import pandas as pd
#显示中文字符
```

```
plt.rcParams['font.sans - serif'] = [u'SimHei']
plt.rcParams['axes.unicode_minus'] = False
♯读取数据
data = pd.read_excel(r"景点数据表.xlsx")
data = data.head(10)
♯绘制图形
data[["景点热度","景点评分"]].plot.box(title = "景点箱形图",figsize = (5,4), color = 'b')
♯保存图像
plt.savefig("景点箱形图.jpg",bbox_inches = 'tight',dpi = 200)
```

绘制图像如图 7-18 所示。

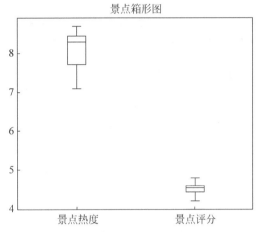

图 7-18　景点箱形图

在 data[["景点热度","景点评分"]].plot.box(title="景点箱形图",figsize=(5,4), color=
'b')中添加参数 subplots=True,将会根据两列数据分别绘制箱形图,更改后的代码如下。

```
data[["景点热度","景点评分"]].plot.box(title = "景点箱形图",figsize = (5,4), color = 'b',
subplots = True)
```

更改后的绘制图像如图 7-19 所示。

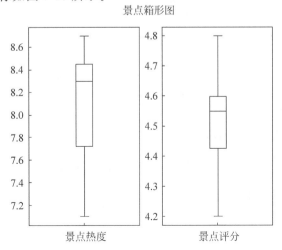

图 7-19　景点箱形图子图

7. 各地旅游收入计划饼图

获取"十四五"期间各省份的旅游总收入计划,用 Pandas 绘制饼图,代码如下。

```
import matplotlib.pyplot as plt
import pandas as pd
plt.rcParams['font.sans - serif'] = [u'SimHei']
plt.rcParams['axes.unicode_minus'] = False
data = {"city":['北京','山东','江苏','湖北','湖南','云南','广西','福建','吉林','陕西'],"总收入":
[0.9,1.88,1.7,1,1.3,2,1.1,1.05,1,1]}
df = pd.DataFrame(data, index = data["city"])
#绘制图形
df.plot.pie(title = "十四五旅游总收入计划表(万亿元)", figsize = (5,4), y = "总收入", subplots =
True, legend = False, autopct = '%.2f', fontsize = 8)
#保存图像
plt.savefig("各地 2025 年旅游总收入计划饼图.jpg", bbox_inches = 'tight', dpi = 200)
```

在本例中,用 subplots＝True 表示汇总所有数据,legend＝False 表示不显示图例,
autopct＝'％.2f'表示显示饼图数据为两位小数位数的浮点数,fontsize＝8 表示字号为 8。
绘制图像如图 7-20 所示。

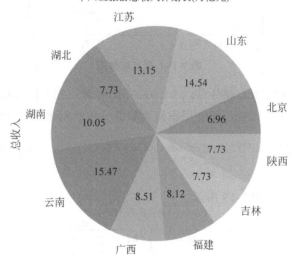

图 7-20   各地 2025 年旅游总收入计划饼图

将上例中绘制饼图的代码 df.plot.pie(title＝"十四五旅游总收入计划表(万亿元)",
figsize＝(5,4),y＝"总收入",subplots＝True,legend＝False,autopct＝'％.2f',fontsize＝
8)更改为面积图 area,更改后的代码如下。

```
df.plot.area(title = "十四五旅游总收入计划表(万亿元)", figsize = (5,4), y = "总收入")
```

更改后的绘制图像如图 7-21 所示。

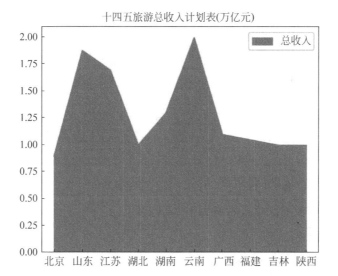

图 7-21　各地 2025 年旅游总收入计划面积图

7.4　Pyecharts 可视化

ECharts 是一个开源的数据可视化库,凭借着良好的交互性和精巧的图表设计,得到了众多开发者的认可。Python 是一门富有表达力的语言,很适合用于数据分析处理。当数据分析遇上数据可视化时,Pyecharts 就诞生了。

Pyecharts 库是一个用于生成 ECharts 图表的类库,它具有简洁的 API 设计,支持链式调用,囊括了 30 多种常见图表,支持 Jupyter Notebook 和 Jupyter Lab,可轻松集成至 Flask、Django 等主流 Web 框架。Pyecharts 库具有高度灵活的配置项,可轻松搭配出精美的图表,具有详细的文档和示例,可以帮助开发者更快地上手项目。另外,还有多达 400 多地图文件及原生的百度地图,可以为地理数据可视化提供强有力的支持。

1. 安装与导入

对于 Pyecharts 库的安装,只需要在命令行输入以下指令即可。

```
pip install pyecharts
```

在使用 Pyecharts 库的功能前,要先进行导入。与其他三方库有所不同,需要导入每个图表类型的名称,以及需要用到的配置项模块、地图模块等,输入代码如下。

```
from pyecharts.charts import Scatter      # 导入散点图
from pyecharts.charts import Line         # 导入折线图
from pyecharts.charts import Pie          # 导入饼图
from pyecharts.charts import Geo          # 导入地图
from pyecharts import options as opts     # 导入配置项
```

Pyecharts 库的常用图表类型如表 7-5 所示。

表 7-5　Pyecharts 库的常用图表类型

名　　称	图 表 类 型	名　　称	图 表 类 型
Scatter	散点图	Gauge	仪表盘
Bar	柱状图	GraphGL	关系图
Pie	饼图	Liquid	水球图
Line	折线图/面积图	Parallel	平行坐标图
Radar	雷达图	Polar	极坐标系
Xankey	桑基图	HeatMap	热力图
Sunburst	旭日图	Tree	树图
Geo	地理坐标	Kline	K 线图

Pyecharts 绘制图像的基本步骤有以下 5 步。

（1）导入图表类型。

```
from pyecharts.charts import chart_name
```

（2）创建示例对象。

```
c_name = chart_name()
```

（3）添加数据。

- c_name.add_xaxis，添加 x 轴数据。
- c_name.add_yaxis，添加 y 轴数据，y 轴数据可以添加多个。

（4）添加其他配置。

- .set_global_opts()，添加全局配置。
- .set_series_opts()，添加系列配置。

（5）生成 HTML 网页。

```
.render()
```

2. 绘制图表

（1）柱状图。

提取"景点数据表.xlsx"的前 10 行数据，对景点名称、景点热度、景点评分 3 列数据绘制柱形图，代码如下。

```
#导入模块
import pandas as pd
from pyecharts.charts import Bar
#读取文件中的数据
data = pd.read_excel(r"景点数据表.xlsx",usecols = ["景点名称","景点热度","景点评分"])
#提取前 10 行数据
df = data.head(10)
#定义图表对象
bar = Bar()
#为 bar 这个对象添加 x 轴数据和 y 轴数据
bar.add_xaxis(df["景点名称"].tolist())
bar.add_yaxis("景点热度",df["景点热度"].tolist())
```

```
bar.add_yaxis("景点评分",df["景点评分"].tolist())
#输出网页
bar.render("景点信息柱状图.html")
```

需要注意的是,从 Pandas 库的 DataFrame 中提取数据时,要使用 tolist() 将数据框转换为列表。输出后的网页图像如图 7-22 所示。

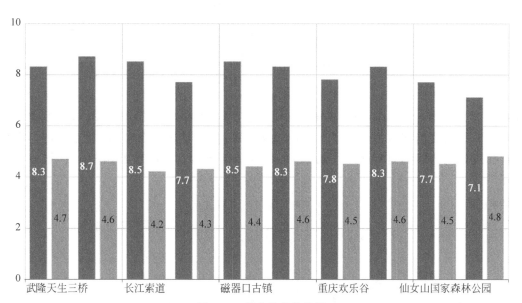

图7-22　景点信息柱状图

由于 Pyecharts 支持链式调用,因此以上代码可以更改如下。

```
import pandas as pd
from pyecharts.charts import Bar
data = pd.read_excel(r"景点数据表.xlsx",usecols = ["景点名称","景点热度","景点评分"])
df = data.head(10)
b = (Bar()
    .add_xaxis(df["景点名称"].tolist())
    .add_yaxis("景点热度",df["景点热度"].tolist())
    .add_yaxis("景点评分",df["景点评分"].tolist())
    .render("景点 1.html"))
```

链式调用的代码更为清晰简洁,因此在程序编写中,常采用链式调用的方式进行绘图。在本例中可以发现,图表中未指定大小,缺乏图表标题和 x 轴标题,并且 x 轴的 10 个景点只显示了 5 个,这与 Pandas 绘图出现了同样的问题。此时,需要对全局配置进行调整,改写代码如下。

```
import pandas as pd
from pyecharts.charts import Bar
import pyecharts.options as opts
data = pd.read_excel(r"景点数据表.xlsx",usecols = ["景点名称","景点热度","景点评分"])
```

```
df = data.head(10)
#用 init_opts 初始化图表大小
b = (Bar(init_opts = opts.InitOpts(width = '1000px', height = '600px'))
    .add_xaxis(df["景点名称"].tolist())
    .add_yaxis("景点热度",df["景点热度"].tolist())
    .add_yaxis("景点评分", df["景点评分"].tolist())
    .set_global_opts(
        #增加标题
        title_opts = {"text": "景点信息图", "subtext": "重庆"},
        #增加 x 轴标题,并设置 x 轴标签旋转 30 度
        xaxis_opts = opts.AxisOpts(name = "景点名称",axislabel_opts = {"rotate": 30})
    )
    .render("调整后的景点柱状图.html"))
```

在上述代码中,在 Bar()的参数中用 init_opts 初始化图表大小为 1000px×600px; 在全局配置中增加了 title_opts 元素的设置,将标题命名为"景点信息图",子标题命名为"重庆";在全局配置中增加了 xaxis_opts 参数,将 x 轴标题命名为"景点名称",并将 x 轴标签旋转 30 度,这样 10 个景点名称可以全部显示。最终绘制出的柱状图如 7-23 所示。

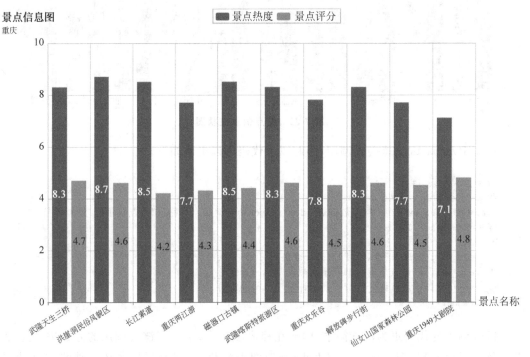

图 7-23   调整后的景点柱状图

(2) 条形图。

为以上柱状图添加 .reversal_axis()即可将柱状图旋转为条形图。但是,转变后出现了两个问题:y 轴上的景点名称部分文字丢失,x 轴刻度的数字间隔不为 1,如图 7-24 所示。

为了解决 x 轴数字刻度的问题,在全局配置中增加 xaxis_opts 的参数,设置 split_number=11,即可将 x 轴刻度显示为 0~10 的数字。为了解决 y 轴部分文字丢失问题,需

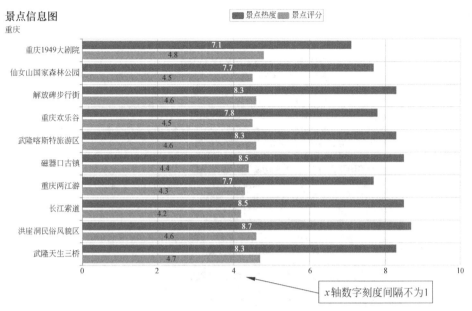

图 7-24 出现问题的景点条形图

要导入 Grid 布局模块并定义 Grid 对象,将条形图对象的布局进行更改,将左侧位置 pos_left 设为 15%的参数。调整后的条形图绘制代码如下。

```python
import pandas as pd
# 导入 Grid 布局模块
from pyecharts.charts import Bar,Grid
import pyecharts.options as opts
# 添加主题
from pyecharts.globals import ThemeType
data = pd.read_excel(r"景点数据表.xlsx",usecols = ["景点名称","景点热度","景点评分"])
df = data.head(10)
b = (Bar()
    .add_xaxis(df["景点名称"].tolist())
    .add_yaxis("景点热度",df["景点热度"].tolist())
    .add_yaxis("景点评分",df["景点评分"].tolist())
    # 翻转坐标轴
    .reversal_axis()
    .set_global_opts(
        title_opts = {"text": "景点信息图","subtext": "重庆"},
        # 细化 x 轴刻度
        xaxis_opts = opts.AxisOpts(split_number = 11)
    )
)
# 定义布局对象,并选择 ROMA 主题,设定尺寸
grid = Grid(init_opts = opts.InitOpts(theme = ThemeType.ROMA,width = '1000px', height = '600px'))
# 更改图表对象应用布局,并设置左侧位置
grid.add(b,grid_opts = opts.GridOpts(pos_left = '15%'))
grid.render("景点条形图.html")
```

绘制图像如图 7-25 所示。

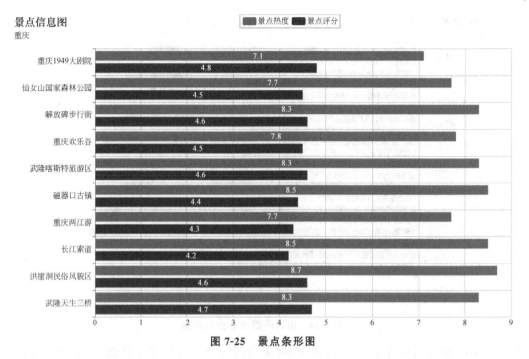

图 7-25　景点条形图

（3）双轴图。

绘制景点热度的柱状图，同时在此坐标轴上绘制景点评分的线形图。要实现同时绘制两种图像，首先绘制柱状图 b 并设置次坐标轴，然后定义线形图 l，用 b.overlap(l) 的方法将线形图覆盖到柱状图上即可，具体代码如下。

```
from pyecharts import options as opts
from pyecharts.charts import Bar, Line
import pandas as pd
data = pd.read_excel(r"景点数据表.xlsx",usecols = ["景点名称","景点热度","景点评分"])
df = data.head(10)
b = (
    Bar()
    .add_xaxis(df["景点名称"].tolist())
    .add_yaxis("景点热度",df["景点热度"].tolist())
    #设置次坐标轴
    .extend_axis(yaxis = opts.AxisOpts (name = "景点评分",type_ = "value", min_ = 0,max_ = 5,
is_show = True))
    .set_global_opts(
        title_opts = {"text": "景点信息图", "subtext": "重庆"},
        xaxis_opts = opts.AxisOpts(name = "景点名称", axislabel_opts = {"rotate": 15}),
        yaxis_opts = opts.AxisOpts(split_number = 5)
    )
)
L = Line().add_xaxis(df["景点名称"].tolist()).add_yaxis("景点评分", df["景点评分"].
tolist(),yaxis_index = L)
#在柱状图上叠加折线图
b.overlap(L)
b.render("景点信息双轴图.html")
```

绘制图像如图 7-26 所示。

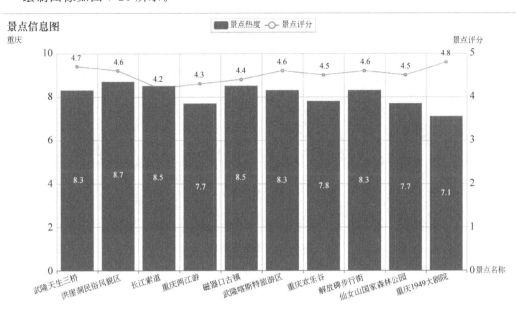

图 7-26　景点信息双轴图

（4）景点漏斗图。

绘制景点热度的漏斗图，由于图例文字较多，因此在全局配置中用 legend_opts 隐藏图例，代码如下。

```python
from pyecharts import options as opts
from pyecharts.charts import Funnel
import pandas as pd
data = pd.read_excel(r"景点数据表.xlsx",usecols = ["景点名称","景点热度","景点评分"])
df = data.head(10)
c = (Funnel()
    .add(
        "景点",
        [list(z) for z in zip(df["景点名称"].tolist(), df["景点热度"].tolist())],
        sort_ = "ascending",
        label_opts = opts.LabelOpts(position = "inside"),
    )
    .set_global_opts(title_opts = opts.TitleOpts(title = "景点漏斗图"),legend_opts = opts.
LegendOpts(is_show = False))
    .render("景点漏斗图.html")
)
```

绘制图像如图 7-27 所示。

（5）水球图。

水球图是一种适合于展现单个百分比数据的图表类型。Pyecharts 模块能够非常方便地画出水球图，进而实现酷炫的数据展示效果。下面用一组简单的数据来绘制水球图，代码如下。

景点漏斗图

图 7-27　景点漏斗图

```
from pyecharts import options as opts
from pyecharts.charts import Liquid
c = (
    Liquid()
    .add("好评率", [0.8, 0.2], is_outline_show = False)
    .set_global_opts(title_opts = opts.TitleOpts(title = "景点好评率"))
    .render("景点好评水球图.html")
)
```

绘制图像如图 7-28 所示。

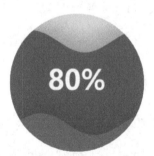

图 7-28　景点好评水球图

（6）饼图。

对于"十四五"期间各省份的旅游总收入计划，绘制饼图，代码如下。

```
from pyecharts import options as opts
from pyecharts.charts import Pie
# 定义数据
city = ['北京','山东','江苏','湖北','湖南','云南','广西','福建','吉林','陕西']
mm = [0.9,1.88,1.7,1,1.3,2,1.1,1.05,1,1]
# 定义饼图对象
c = (
    Pie()
    # 添加数据
```

```
    .add("", [list(z) for z in zip(city, mm)])
    #设置颜色
    .set_colors(["blue", "green", "yellow", "red", "pink", "orange", "purple","blue",
"green", "yellow"])
    #添加标题,标题居中显示
    .set_global_opts(title_opts = opts.TitleOpts(title = "十四五旅游总收入计划表(万亿元)",
pos_left = 'center'),
                              #隐藏图例
                              legend_opts = opts.LegendOpts(is_show = False))
    #更改系列显示形式
    .set_series_opts(label_opts = opts.LabelOpts(formatter = "{b}: {c}"))
    .render("十四五旅游总收入计划饼图.html")
)
```

在本例中,由于标题在左侧不美观,因此在全局配置 title_opts 中设置 pos_left＝'center',将标题居中显示,在 legend_opts 参数中设置隐藏图例,绘制饼图如图 7-29 所示。

十四五旅游总收入计划表(万亿元)

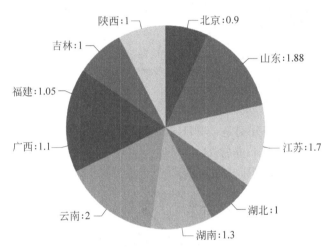

图 7-29　十四五旅游总收入计划饼图

(7) 词云图。

对前文爬取的重庆欢乐谷 50 条点评内容进行词文分析,找出出现次数最多的 20 个关键字,并根据字频制成词云图。点评文本如图 7-30 所示。

图 7-30　部分点评文本

编写代码如下。

```python
import pyecharts.options as opts
from pyecharts.charts import WordCloud
#用jieba将整篇文本分词
import jieba.analyse
with open("hlg.txt","r",encoding = "utf-8") as f:
    text = f.read()
t = jieba.lcut(text)
dic = {}
for i in t:
    if len(i) > 1:
        dic[i] = t.count(i)
w = list(dic.items())
#绘制词云图
c = (
    WordCloud()
    #将w的成对数据进行赋值,word_size_range可以设置词云图的字体大小范围
    .add(series_name = "词云分析", data_pair = w, word_size_range = [1, 200])
    .set_global_opts(
        title_opts = opts.TitleOpts(
            title = "词云分析", title_textstyle_opts = opts.TextStyleOpts(font_size = 23),
pos_left = 'center',pos_top = "5 %"),tooltip_opts = opts.TooltipOpts(is_show = True))
    .render("点评词云图.html")
)
```

过滤后的前10个关键词分别是：项目 32,重庆 31,欢乐谷 26,孩子 15,可以 14,不错 14,过山车 13,刺激 12,一个 11,非常 11。

最终输出的点评词云图如图 7-31 所示。

图 7-31　点评词云图

7.5　旅游数据分析结果可视化

据中国旅游研究院(文化和旅游部数据中心)专项调查显示,2022 年元旦、春节、清明、五一、端午的出游半径分别为 110.3、131.8、95.0、99.6 和 107.9km,目的地游憩半径分别为 8.7、8.3、4.9、6.0 和 7.3km。而疫情前的 2019 年,游客出游半径和目的地游憩半径分别为 270km 和 15km。

将以上数据可视化,制作 2022 年 5 个节日的出游半径柱状图和目的地游憩半径线形图,编写代码如下。

```
import matplotlib.pyplot as plt
import pandas as pd
import numpy as np
#显示中文字符
plt.rcParams['font.sans - serif'] = [u'SimHei']
plt.rcParams['axes.unicode_minus'] = False
#定义数据
data = {"节日名称":['元旦','春节','清明','五一','端午'],"出游半径(km)":[110.3,131.8,95,
99.6,107.9],"目的地游憩半径":[8.7,8.3,4.9,6,7.3]}
df = pd.DataFrame(data,index = data['节日名称'])
#绘制图像
df[["出游半径(km)",'节日名称']].plot.bar(title = "出游分析图",figsize = (5,4),color = 'b')
#绘制次 y 轴图形,用 secondary_y = True 来表示
df["目的地游憩半径"].plot.line(color = 'r',secondary_y = True,legend = True)
#保存图像
plt.savefig("2022 年 5 个节日的出游分析图.jpg",bbox_inches = 'tight',dpi = 200)
```

绘制图像如图 7-32 所示。通过分析可知,春节的出游半径最大,其他节日比较接近,清明节日的目的地游憩半径最小。

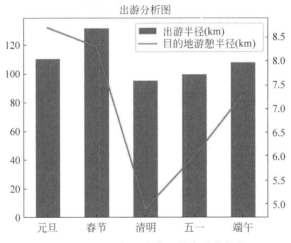

图 7-32　2022 年 5 个节日的出游分析图

继续根据以上数据,制作 2019 年、2022 年的平均出游半径和目的地游憩半径双面积图,编写代码如下。

```
import matplotlib.pyplot as plt
import pandas as pd
plt.rcParams['font.sans - serif'] = [u'SimHei']
plt.rcParams['axes.unicode_minus'] = False
data = {"节日名称":['元旦','春节','清明','五一','端午'],"出游半径(km)":[110.3,131.8,95,
99.6,107.9],"目的地游憩半径":[8.7,8.3,4.9,6,7.3]}
df = pd.DataFrame(data,index = data['节日名称'])
data2 = {"出游半径(km)":[df["出游半径(km)"].mean(),270],"目的地游憩半径":[df["目的地游
憩半径"].mean(),15]}
```

```
df2 = pd.DataFrame(data2,index = ['2022','2019'])
#绘制图像
df2.plot.pie(title = "2019年和2022年出游比较",figsize = (5,4),subplots = True,legend =
False,autopct = '%.2f%%', fontsize = 8)
#保存图像
plt.savefig("出游比较双面积图.jpg",bbox_inches = 'tight',dpi = 200)
```

 绘制图像如图 7-33 所示。通过比较,发现 2022 年游客的出游半径和目的地游憩半径远远小于 2019 年的出游公里数,可见人们的出游距离减小导致了周边游的增加,从而促进了周边游项目的发展。

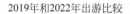

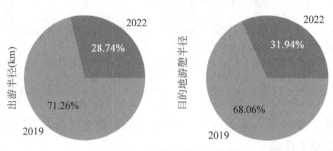

图 7-33　出游比较双面积图

第8章

旅游大数据综合案例

本章通过综合案例,对旅游大数据的整个分析流程进行实践,具体步骤是:网络数据采集—数据解析—数据存取—数据处理分析—数据可视化。

8.1 景点热度分析

8.1.1 需求分析

访问携程网,查找"北京"所有的景点信息,提取景点名称、景点地址、景点热度、景点评分、景点点评数等内容;查找景点评分在前10名的景点;对景点点评数进行清洗,删除无效数据;对所有景点去除重复值;分析景点热度与景点评分之间的相关性;分析不同热度分的平均评价条数;将不同评分的平均点评条数用柱状图进行显示。

8.1.2 思路设计

要实现案例目标,需要先进行思路设计。

1. 分析 URL 及页面内容

打开目标网站,分析每一个 URL 页面的联系;按 F12 键进入开发者工具,分析目标数据的 HTML 代码结构。

2. 编写页面跳转 URL 模块

根据页面的联系,编写"URL"模块,用于自动跳转每一个页面。

3. 编写爬取页面 html_down 模块

定义 headers,用 Requests 实现页面请求。

4. 编写解析代码 html_parser 模块

根据第 1 步的分析,复制相应元素的 XPath 路径,并编写代码模块,实现对所需要元素的提取。

5. 编写保存 save 模块

定义函数,用 Pandas 的 to_excel()将数据保存到 XLSX 文件。

6. 编写分析数据模块

定义函数,用 Pandas 对数据进行透视分析和相关性分析。

7. 编写数据可视化模块

将数据分析结果用合适的图表进行呈现,以便于用户分析数据关系并得出结论。

8. 编写主文档

编写主文档,调用每个模块的功能,实现案例目标。

8.1.3 编写各模块代码

1. 页面跳转模块 url.py

页面跳转模块代码如下。

```
def get_url(ys,u):
    url_list = []
    for x in range(1, int(ys) + 1):
        url = u + '/s0 - p{0}. html # sightname'. format(x)
        url_list. append(url)
    return url_list
```

2. 数据获取模块 html_down.py

数据获取模块代码如下。

```
import requests
def url_down(url):
    headers = {
        'User - Agent': 'Mozilla/5.0 (Windows NT 6.1; Win64; x64) AppleWebKit/537.36 (KHTML,
like Gecko) Chrome/93.0.4577.63 Safari/537.36'
    }
    res = requests. get(url, headers = headers)
    res. encoding = res. apparent_encoding
    return res. text
```

3. 数据解析模块 html_parser.py

数据解析模块代码如下。

```
import time
from bs4 import BeautifulSoup
def html_parser(html_source):
    list1 = []
    soup = BeautifulSoup(html_source, 'lxml')
    res = soup. find_all(class_ = 'list_mod2')
    for x in res:
        # 景点名称
        res1 = x. find_all('a')
        # 景点地址
        res2 = x. find_all(class_ = 'ellipsis')
        # 景点热度
        res3 = x. find_all(class_ = 'hot_score_number')
        # 点评分数
        res4 = x. find_all(class_ = 'score')
        # 点评数量
        res5 = x. find_all(class_ = 'recomment')
```

```
        # 显示信息
        dist1 = {}
        dist1['景点名称'] = res1[1].string.strip()
        dist1['景点地址'] = res2[0].string.strip()
        dist1['景点热度'] = res3[0].string.strip()
        try:
            dist1['景点评分'] = res4[0].find_all('strong')[0].string.strip()
        except:
            dist1['景点评分'] = 0
        dist1['景点点评数'] = res5[0].string.strip().strip('条点评()')
        time.sleep(0.4)
        list1.append(dist1)
        time.sleep(0.4)
    return   list1
```

4. 数据存储模块 save.py

数据存储模块代码如下。

```
import pandas as pd
def save(r1):
    df = pd.DataFrame(r1)
    df.to_excel('北京景点信息' + '.xlsx')
    print('信息保存成功')
```

5. 数据分析模块 analyze.py

数据分析模块代码如下。

```
import pandas as pd
def top10():
    df1 = pd.read_excel(r"北京景点信息.xlsx")
    df1 = df1.sort_values(by = "景点评分", ascending = False)
    print(df1.head(10))
def clean():
    df1 = pd.read_excel(r"北京景点信息.xlsx")
    # 去除重复行
    df1.drop_duplicates(subset = "景点名称", keep = "first", inplace = True)
    # 去除景点点评数暂无的行
    df1 = df1.drop(df1[df1.景点点评数 == "暂无"].index)
    df1.to_excel("北京景点信息 1.xlsx")
def cor():
    data = pd.read_excel(r"北京景点信息 1.xlsx", usecols = [3, 5])
    print(data.corr(method = 'spearman'))
    data = pd.read_excel(r"北京景点信息 1.xlsx", usecols = [4, 5])
    print(data.corr(method = 'spearman'))
    data = pd.read_excel(r"北京景点信息 1.xlsx", usecols = [3, 4])
    print(data.corr(method = 'spearman'))
def pil():
    df1 = pd.read_excel(r"北京景点信息.xlsx")
    df1 = df1.drop(df1[df1.景点点评数 == "暂无"].index)
    print(pd.pivot_table(df1, index = "景点评分", columns = Null, values = "景点点评数",
aggfunc = "mean"))
```

6. 数据可视化模块 visible.py

数据可视化模块代码如下。

```python
import matplotlib.pyplot as plt
import numpy as np
def draw():
    plt.rcParams['font.sans-serif'] = [u'SimHei']
    plt.rcParams['axes.unicode_minus'] = False
    x = [4.1,4.2,4.3,4.4,4.5,4.6,4.7,4.8,4.9]
    y = [604.000000,4329.000000,880.000000,2391.666667,2551.466667,2130.363636,
6018.586207,15883.222222,14712.000000]
    c = ['r', 'k', 'y', 'g', 'b', 'c', 'm', 'y','b']
    plt.figure(figsize = (5,4),dpi = 200)
    plt.bar(x,y,color = c,width = 0.08)
    plt.xlabel('景点评分')
    plt.ylabel('平均点评条数')
    my_x_ticks = np.arange(4.1, 5, 0.1)
    plt.xticks(my_x_ticks,rotation = 90, fontsize = 6,)
    plt.savefig("柱状图.jpg",bbox_inches = 'tight')
```

7. 将模块文件存放到指定目录

将以上 6 个模块的文件复制到 Python 安装目录下的 lib 文件夹，这样主文档才能在运行时调用模块功能。

8.1.4 编写主文档

主文档代码如下。

```python
import url
import html_down
import html_parser
import save
import analyze
import visible
if __name__ == '__main__':
    url_list = []
    jd_list = []
    ys = 10
    base_url = r'https://you.ctrip.com/sight/beijing1'
    url_list = url.get_url(ys, base_url)
    print(url_list)
    for url in url_list:
        html_source = html_down.url_down(url)
        r1 = html_parser.html_parser(html_source)
        jd_list.extend(r1)
        print(jd_list)
    save.save(jd_list)
    analyze.top10()
    analyze.clean()
    analyze.cor()
    analyze.pil()
    visible.draw()
```

8.1.5 结论

1. 景点评分前 10 名的景点信息

景点评分前 10 名的景点信息如下。

	景点名称	景点地址	景点热度	景点评分	景点点评数
11	慕田峪长城	北京市怀柔区渤海镇慕田峪村	7.9	4.9	14712
74	中山公园	东城区中华路 4 号(天安门西侧)	5.9	4.8	636
60	什刹海冰场	北京市西城区什刹海	6.2	4.8	222
59	居庸关长城	北京市昌平区南口镇居庸关村	6.2	4.8	1695
66	国家图书馆	北京市海淀区中关村南大街 33 号	6.1	4.8	374
54	红螺寺	北京市怀柔区怀柔镇卢庄村北红螺东路 2 号	6.3	4.8	1993
61	中国美术馆	北京市东城区五四大街一号	6.2	4.8	501
52	故宫珍宝馆	故宫博物院宁寿宫内	6.4	4.8	408
45	首都博物馆	北京市西城区复兴门内大街 16 号	6.5	4.8	819
1	故宫博物院	北京市东城区景山前街 4 号	9.8	4.8	136301

2. 景点评分与景点热度之间的相关性

景点评分与景点热度之间的相关性如下。

	景点热度	景点点评数
景点热度	1.000000	0.619659
景点点评数	0.619659	1.000000
	景点评分	景点点评数
景点评分	1.000000	−0.018789
景点点评数	−0.018789	1.000000
	景点热度	景点评分
景点热度	1.000000	0.138828
景点评分	0.138828	1.000000

由此可见,景点热度与景点评分之间为强相关,景点评分与景点点评数为极弱相关,景点热度与景点评分为极弱相关。

3. 不同评分的平均点评条数

不同评分的平均点评条数如下。

景点评分	景点点评数
4.1	604.000000
4.2	4329.000000
4.3	880.000000
4.4	2391.666667
4.5	2551.466667
4.6	2130.363636
4.7	6018.586207
4.8	15883.222222
4.9	14712.000000

查看不同评分所对应的平均点评条数,可见 4.8 分对应的平均点评数最高,其次为 4.9 分。

4. 用柱状图表示不同评分的平均点评条数

绘制图像如图 8-1 所示。

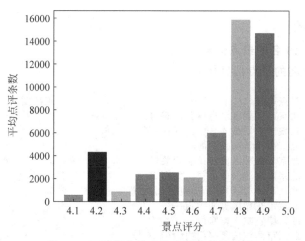

图 8-1　不同评分的平均点评条数柱状图

通过图表分析得出,评分 4.8 所对应的平均点评条数最高,评分 4.1 所对应的平均点评条数最低。

8.2　团购产品分析

8.2.1　需求分析

访问去哪儿网,查看国内度假团购产品,按销量排列的网页内容如图 8-2 所示。

图 8-2　图内度假团购产品爬取网页

提取网页中的团购名称、团购价格和销量,将提取到的数据保存到 Excel 文件中,并对数据进行清洗。根据团购名称将旅行城市、旅行时间和团购类型信息单独提取出来,进行以下分析:查看数据描述并保留1位小数;分析每个城市的团购产品数量,并按数量从高到低排序;分析每个城市的团购平均价格;分析自由行和跟团游各自的销量和、平均价格;分析销量与价格之间的相关性。最后,将主要分析结果用Pyecharts进行可视化查看。

8.2.2　编写代码

1. 提取网页数据 catch.py

提取网页数据模块包含以下5个功能。

(1) URL分析:打开目标网站,分析每一个URL页面的联系。根据页面的联系,用for循环自动生成每一个页面的URL。

(2) 页面元素分析:按F12键进入开发者工具,分析目标数据的HTML代码结构,选择XPath解析页面内容,复制团购名称、价格和销量所对应的XPath路径。

(3) 页面请求:定义headers,用Requests实现页面请求。

(4) 数据获取:定义数据框(包含团购名称、价格、销量3列内容),将每个页面的XPath所获取到的数据累加到数据框中。

(5) 数据存储:用Pandas的to_excel()将获取到的数据框保存到Excel文件"团购信息.xlsx"中。

编写代码如下。

```python
import time
from selenium import webdriver
from lxml import etree
import pandas as pd
def cra():
    #定义总数据框变量
    df = pd.DataFrame(columns = (['团购名称', '价格', '销量']))
    #定义需要爬取的所有URL列表
    list_url = []
    #用for循环自动获取每个页面的URL,并存入到list_url中
    for x in range(0, 10):
        y = x * 30
        print(x)
        base_url = r'https://tuan.qunar.com/vc/index.php?category = all&limit = {0}%2C30'.
format(y)
        list_url.append(base_url)
    #对每个页面分别操作
    for url in list_url:
        #选择浏览器
        options = webdriver.FirefoxOptions()
        #设置浏览器为headless无界面模式
        options.add_argument("-- headless")
        options.add_argument("-- disable - gpu")
        #打开浏览器处理,注意浏览器无显示
        browser = webdriver.Firefox(options = options)
        browser.get(url)
        print("正在爬取数据……请等待……")
        time.sleep(4)
        #解析页面内容
```

```
        url1 = browser.current_url
        res = browser.page_source
        html = etree.HTML(res)
        browser.close()
        #定义空的 df1 数据框,存放每个页面的数据
        df1 = pd.DataFrame(columns = (['团购名称','价格','销量']))
        #团购名称
        res1 = html.xpath('/html/body/div[5]/div[2]/div[2]/div[2]/div[2]/ul/li/a/div/div
[3]/div/div[1]/text()')
        #团购价格
        res2 = html.xpath('/html/body/div[5]/div[2]/div[2]/div[2]/div[2]/ul/li/a/div/div
[4]/span[1]/em/text()')
        #销售数量
        res3 = html.xpath('/html/body/div[5]/div[2]/div[2]/div[2]/div[2]/ul/li/a/div/div
[5]/span[2]/em/text()')
        #去掉多余的空格和回车符
        res1 = [x.strip() for x in res1 if x.strip("\n ")]
        #定义序列数据
        r1 = pd.Series(res1)
        r2 = pd.Series(res2)
        r3 = pd.Series(res3)
        #将序列数据存入字典,并转为数据框
        c = {"团购名称":r1,"价格":r2,"销量":r3}
        df1 = pd.DataFrame(c)
        #将数据框合并到 df 中
        df = pd.concat([df,df1])
    #重建索引,使索引号连续
    df = df.reset_index(drop = True)
    #导出到 Excel 文件中
    df.to_excel('团购信息.xlsx')
```

2. 编写分析数据模块 ana. py

定义相关函数,用 Pandas 对数据进行以下分析。

(1) qx()函数:分析上一步保存的"团购信息.xlsx"文件。由于团购名称较长且包含的内容多,因此需要将其分开处理。例如,"北京 5 天 4 夜 跟团游"要拆解为"北京""5 天 4 夜""跟团游",对此使用 split()函数进行分列处理,同时将原"团购名称"列删除,完成对数据的清洗并将清洗后的数据存入新文件"团购信息 1. xlsx",便于之后调用。

(2) jun()函数:读取新的 Excel 文件中的数据,输出数据描述并保留 1 位小数,其中包含对各项数据求平均、求和、求中位数、求前 25% 的数据等。

(3) groupsort()函数:分析每个城市的团购产品数量,并按数量从高到低排序。首先读取文件中的数据;然后用 groupby()进行分组,用 count()计数,定义数据框并将分组后的结果导出到数据框中;最后返回数据框,便于之后可视化调用。

(4) citya()函数:对城市进行分析。按城市分组,计算每个城市对应的平均团购价格,并将分组统计结果导出到数据框,便于之后可视化调用。

(5) typea()函数:对团购类型进行分析。按团购类型分组,统计不同类型的平均价格和总销量,并将统计结果导出到数据框,便于之后可视化调用。

(6) cor()函数:用斯皮尔曼等级相关系数分析销量与团购价格之间的相关性。

编写代码如下。

```python
import pandas as pd
#定义函数:清洗数据
def qx():
    #读取文件
    df = pd.read_excel(r"团购信息.xlsx", index_col = 0)
    #提取团购名称中的城市、时间、类型
    df['城市'], df['时间'], df['类型'] = df['团购名称'].str.split(' ', 2).str
    #删除多余列
    df = df.drop(['团购名称'], axis = 1)
    df.to_excel("团购信息1.xlsx")
#定义函数:查看数据描述并保留1位小数
def jun():
    #读取文件
    df = pd.read_excel(r"团购信息1.xlsx", index_col = 0)
    print(df.describe().round(1))


#定义函数:分析每个城市的团购产品数量,并按数量从高到低排序
def groupsort():
    df = pd.read_excel(r"团购信息1.xlsx", index_col = 0)
    # (1)按城市分组,统计团购产品数量,将分组统计结果存入数据框
    d = df.groupby("城市")["城市"].count()
    d = pd.DataFrame({'数量': d})
    d.reset_index(inplace = True)
    #(2)对数据进行排序
    d.sort_values(by = "数量", inplace = True, ascending = False)
    # (3)返回处理后的数据
    return (d)
#定义函数:分析每个城市的团购平均价格
def citya():
    df = pd.read_excel(r"团购信息1.xlsx", index_col = 0)
    d = df.groupby("城市")["价格"].mean().round(1)
    #存入数据框,返回出去
    d = pd.DataFrame({'价格': d})
    d.reset_index(inplace = True)
    return (d)
#定义函数:分析自由行和跟团游各自的销量和、平均价格
def typea():
    df = pd.read_excel(r"团购信息1.xlsx", index_col = 0)
    d = pd.DataFrame({'平均价格': df.groupby("类型")["价格"].mean().round(1),'总销量':df.groupby("类型")["销量"].sum().round(1)})
    d.reset_index(inplace = True)
    return (d)
#定义函数:分析销量和价格之间的相关性
def cor():
    import pandas as pd
    df = pd.read_excel(r"团购信息1.xlsx", usecols = ["价格","销量"])
    print(df.corr(method = 'spearman'))
```

3. 编写数据可视化模块 view.py

对数据可视化分析可以全部使用 Pyecharts 进行实现,该模块主要包含以下几个函数。

(1) ciyun()函数:根据 groupsort()绘制团购产品的城市词云图。首先要将数据框转

为无阻形式,否则无法进行词云分析,然后用 WordCloud()来绘制词云图。

(2) reli()函数:根据 groupsort()绘制热力图,分析当前这 10 页销量领先的所有团购产品的城市分布情况。

(3) bar()函数:根据 citya()绘制城市平均团购价格的柱形图,分析每个城市所对应的平均团购价格情况。

(4) pie()函数:用 typea()绘制双饼图,分析每种团购类型的平均价格比例和总销量比例情况。

编写代码如下。

```python
from ana import groupsort,citya,typea
from pyecharts.globals import ChartType
from pyecharts.charts import Bar,Pie,WordCloud,Geo
import pyecharts.options as opts
# 根据 groupsort()绘制团购产品的城市词云图
def ciyun():
    d = groupsort()
    # 数据框转为元组构成的列表
    d = d.apply(lambda x: tuple(x), axis = 1).values.tolist()
    # 绘制词云图
    c = (
        WordCloud()
        .add(series_name = "词云分析", data_pair = d, word_size_range = [20, 100])
        .set_global_opts(
            title_opts = opts.TitleOpts(
                title = "词云分析", title_textstyle_opts = opts.TextStyleOpts(font_size =
23), pos_left = 'center',
                pos_top = "5 % "),
            tooltip_opts = opts.TooltipOpts(is_show = True))
        .render("综合词云图.html")
    )
# 根据 groupsort()绘制热力图
def reli():
    d = groupsort()
    cc = d["城市"]
    vv = d['数量']
    c = (
        Geo(init_opts = opts.InitOpts(width = '1000px', height = '600px'), is_ignore_
nonexistent_coord = True)
        .add_schema(maptype = "china")
        .add(
            "",
            [list(z) for z in zip(cc, vv)],
            type_ = ChartType.HEATMAP,
        )
        .set_global_opts(
            title_opts = opts.TitleOpts(title = "城市热力图", pos_left = 'center', pos_top
= "5 % "),
            visualmap_opts = opts.VisualMapOpts(range_color = ["#0000FF","#FF0000"]),
```

```
            )
                .render("综合热力图.html")
        )
# 根据 citya()绘制城市平均团购价格的柱状图
def bar():
    df = citya()
    b = (Bar(init_opts = opts.InitOpts(width = '1000px', height = '600px'))
            .add_xaxis(df["城市"].tolist())
            .add_yaxis("平均", df["价格"].tolist())
            .set_global_opts(
            # 增加标题
            title_opts = opts.TitleOpts(title = "各城市平均价格", pos_left = 'center', pos_top = "5 %"),
            # 增加 x 轴标题,并设置 x 轴标签旋转 30 度
            xaxis_opts = opts.AxisOpts(name = "景点名称", axislabel_opts = {"rotate": 90})
        )
            .render("综合柱状图.html"))
# 用 typea()绘制双饼图
def pie():
    df = typea()
    tt = df["类型"]
    mm = df['平均价格']
    ss = df['总销量']
    c = (
        Pie(init_opts = opts.InitOpts(width = '1150px', height = '600px'))
        .add("", [list(z) for z in zip(tt, mm)],center = ['30 %', '50 %'],)
        .add("", [list(z) for z in zip(tt, ss)],center = ['80 %', '50 %'],)
        .set_global_opts(title_opts = opts.TitleOpts(title = "各团购类型销售情况", pos_
left = 'center'),
                        legend_opts = opts.LegendOpts(is_show = False))
        .set_series_opts(label_opts = opts.LabelOpts(formatter = "{b}: {c}"))
        .render("综合双饼图.html")
        )
```

4. 编写主文档 main. py

编写主文档,调用每个模块的功能,实现案例目标。

编写代码如下。

```
from catch import cra
from ana import qx,jun,groupsort,citya,typea,cor
from view import ciyun,reli,bar,pie
# 提取网页数据并保存
cra()
# 清洗数据并保存
qx()
# 对数据进行描述
jun()
# 相关性分析
cor()
# 绘制词云图
ciyun()
# 绘制热力图
```

```
reli()
#绘制柱状图
bar()
#绘制双饼图
pie()
```

8.2.3 分析结果

1. 提取网页数据

从 10 个网页中提取到 300 条团购信息数据,部分数据如表 8-1 所示。

表 8-1　团购信息

序号	团购名称	价格/元	销量/单
0	北京 5 天 4 夜 跟团游	2898	9855
1	北京 5 天 4 夜 跟团游	2929	9855
2	北京 5 天 4 夜 跟团游	3698	9835
3	北京 5 天 4 夜 跟团游	3725	9835
4	北京 5 天 4 夜 跟团游	4710	9835
5	北京 5 天 4 夜 跟团游	2498	9817
6	北京 5 天 4 夜 跟团游	4387	9808
7	北京 5 天 4 夜 跟团游	4440	9808
8	北京 5 天 4 夜 跟团游	5391	9808
9	北京 5 天 4 夜 跟团游	2540	9788
10	北京 5 天 4 夜 跟团游	3911	9788

2. 清洗后的数据

清洗后的部分数据如表 8-2 所示。

表 8-2　清洗后的数据

序号	价格/元	销量/单	城　市	时　间	类　型
0	2898	9855	北京	5 天 4 夜	跟团游
1	2929	9855	北京	5 天 4 夜	跟团游
2	3698	9835	北京	5 天 4 夜	跟团游
3	3725	9835	北京	5 天 4 夜	跟团游
4	4710	9835	北京	5 天 4 夜	跟团游
5	2498	9817	北京	5 天 4 夜	跟团游
6	4387	9808	北京	5 天 4 夜	跟团游
7	4440	9808	北京	5 天 4 夜	跟团游
8	5391	9808	北京	5 天 4 夜	跟团游
9	2540	9788	北京	5 天 4 夜	跟团游
10	3911	9788	北京	5 天 4 夜	跟团游

3. 各城市的团购价格和销量描述

对各城市的团购价格和销量进行描述,得到以下结果。团购平均价格为3791.6元,平均销量为2475.7。团购价格的标准差为1419.1元,销量的标准差为2253.9。

	价格	销量
count	300.0	300.0
mean	3791.6	2475.7
std	1419.1	2253.9
min	12.0	0.0
25 %	2931.2	430.0
50 %	3539.0	2082.0
75 %	4401.0	3279.0
max	9680.0	9855.0

4. 各城市的团购价格和销量描述

对300条团购产品的价格和销量进行相关性分析,得到如下结果。根据斯皮尔曼等级相关系数,二者之间存在弱相关。

	价格	销量
价格	1.000000	0.367053
销量	0.367053	1.000000

5. 城市词云图

根据300条团购产品的城市及数量,绘制词云图,如图8-3所示。可以发现,北京的团购产品销量最高,其他销量不错的还有大理、三亚、丽江、阿坝州等。

词云分析

图 8-3 城市词云图

6. 城市平均团购价格柱状图

根据每个城市的平均团购价格,绘制柱状图,如图8-4所示。可以发现,日喀则和那曲的平均价格远远高于其他城市。

7. 团购类型的平均价格和总销量双饼图

根据每个团购类型的平均价格和总销量,分别绘制饼图,如图8-5所示。可以发现,跟团游的平均价格略高于自由行,但跟团游的总销量远高于自由行。

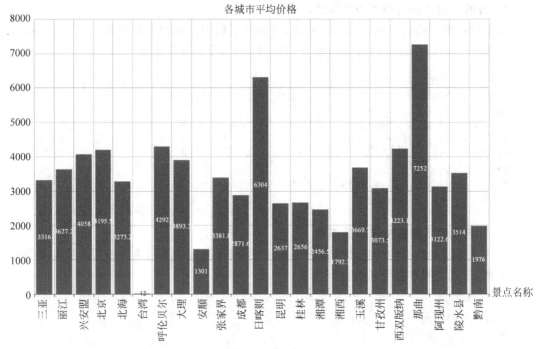

图 8-4　城市柱状图

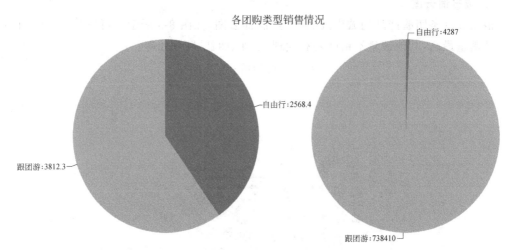

图 8-5　团购类型双饼图

第9章

结论与展望

1. 研究综述

近年来旅游需求不断增长、游客恢复出行,形成了海量的旅游大数据,对于旅游大数据的研究也逐渐增多。截至 2023 年 4 月,在知网上以"旅游大数据分析"为关键词进行检索,可以检索到 537 条研究结果。在近几年的研究中,研究内容主要有旅游系统开发、文本分析、疫情旅游数据分析和地区旅游特征分析等方面,研究方法主要有机器学习、深度学习、统计学等多领域方法,数据来源主要有爬虫采集、设备获取、软件管理等渠道,研究过程主要是根据设计的模型对旅游数据进行分析并提出决策建议。现有研究大多使用模拟数据进行分析,数据缺乏真实性和有效性,且使用 Python 这一轻量级工具对旅游大数据进行系统分析的论述较少。

2. 研究结论与展望

本书使用爬虫采集方法获取真实的旅游数据(包括数字和文本),使用 Beautiful Soup、Xpath 等数据解析方法进行数据解析,使用 csv、xlsx 等数据存储方法进行数据存储,使用 Pandas 库进行数据清洗,使用斯皮尔曼系数、Tf-Idf 算法、Text-Rank 算法和 NLTK 进行数据分析,并使用 Matplotlib 和 Pyecharts 进行数据分析结果可视化。

本书相关研究已经对 Python 在旅游大数据中的应用进行了系统的探索,后续工作可以从机器学习和深度学习算法方面,继续对旅游大数据分析进行深入研究,探讨旅游规律,挖掘有效信息,得出真实有效的结论。

参 考 文 献

[1]　董付国. Python 程序设计基础(微课版·公共课版·在线学习软件版)[M]. 3 版. 北京:清华大学出版社,2023.

[2]　CSDN—专业开发者社区[EB/OL]. https://www.csdn.net/,2023-03.

[3]　黄源,李冰飞,何浩,等. 大数据技术入门(微课视频+题库版)[M]. 北京:清华大学出版社,2022.

[4]　黄源,蒋文豪,龙颖. 大数据分析:Python 爬虫、数据清洗和数据可视化(微课视频版)[M]. 2 版. 北京:清华大学出版社,2022.